第八届中国建筑装饰卓越人才计划奖
The 8th China Building Decoration Outstanding Telented Award

# 踏 实 积 累

## Efforts & Accumulation

2016 创基金·四校四导师·实验教学课题
2016 Chuang Foundation · 4&4 Workshop · Experiment Project
中国高等院校环境设计学科带头人论设计教育学术论文

| 主 编 | Chief Editor |
| 王 铁 | Wang Tie |
| | |
| 副主编 | Associate Editor |
| 张 月 | Zhang Yue |
| 彭 军 | Peng Jun |
| 王 琼 | Wang Qiong |
| 巴林特 | Balint Bachmann |
| 赵 宇 | Zhao Yu |
| 金 鑫 | Jin Xin |
| 段邦毅 | Duan Bangyi |
| 陈华新 | Chen Huaxin |
| 齐伟民 | Qi Weimin |
| 谭大珂 | Tan Dake |
| 阿高什 | Akos Hutter |
| 陈建国 | Chen Jianguo |
| 石 赟 | Shi Yun |
| 刘 原 | Liu Yuan |
| 朱 力 | Zhu Li |
| 王小保 | Wang Xiaobao |
| 于冬波 | Yu Dongbo |
| 郑革委 | Zheng Gewei |
| 周维娜 | Zhou Weina |

中国建筑工业出版社

图书在版编目（CIP）数据

踏实积累：2016创基金·四校四导师·实验教学课题：中国高等院校环境设计学科带头人论设计教育学术论文／王铁主编. —北京：中国建筑工业出版社，2016.11

ISBN 978-7-112-20068-9

Ⅰ.①踏… Ⅱ.①王… Ⅲ.①环境设计－教学研究－高等学校－文集 Ⅳ.①TU–856

中国版本图书馆CIP数据核字（2016）第262132号

本书是2016第八届"四校四导师"环境艺术专业毕业设计实验教学的过程记录，另含18篇中国高等院校环境设计学科带头人关于设计教育的学术论文。全书对环境艺术等相关专业的学生和教师来说具有较强的可参考性和实用性。

"四校四导师"实验教学课题由中央美术学院王铁教授、清华大学张月教授、邀请天津美术学院彭军教授共同创立于2008年。在中国建筑装饰协会设计委员会的牵头、相关企业的鼎力支持下，经过主创院校及参与院校师生8年来的共同努力，由3所美术类院校+1所理工科院校四所院校模式发展成现在的4×4十六所院校模式，实验教学模式逐步完善和成熟，其成果得到了国内众多设计机构及企业的高度认可。

责任编辑：唐　旭　杨　晓
责任校对：陈晶晶　张　颖

第八届中国建筑装饰卓越人才计划奖

踏实积累　2016创基金·四校四导师·实验教学课题
中国高等院校环境设计学科带头人论设计教育学术论文

主　编　王　铁
副主编　张　月　彭　军　王　琼　巴林特　赵　宇
　　　　金　鑫　段邦毅　陈华新　齐伟民　谭大珂
　　　　阿高什　陈建国　石　赟　刘　原　朱　力
　　　　王小保　于冬波　郑革委　周维娜
排　版　孙　文　王一鼎
会议文字整理　刘传影
\*
中国建筑工业出版社出版、发行（北京西郊百万庄）
各地新华书店、建筑书店经销
北京锋尚制版有限公司制版
北京顺诚彩色印刷有限公司印刷
\*
开本：880×1230毫米　1/16　印张：10¾　字数：375千字
2016年11月第一版　2016年11月第一次印刷
定价：98.00元
ISBN 978-7-112-20068-9
　　　（29521）

版权所有　翻印必究
如有印装质量问题，可寄本社退换
（邮政编码　100037）

# 感谢深圳市创想公益基金会对 2016 四校四导师实验教学的支持

　　深圳市创想公益基金会，简称"创基金"，于2014年在中国深圳市注册，是一个非官方及非营利基金会。
　　创基金由邱德光、林学明、梁景华、梁志天、梁建国、陈耀光、姜峰、戴昆、孙建华及琚宾等来自中国内地、中国香港、中国台湾的室内设计师共同创立，是中国设计界第一次自发性发起、组织、成立的私募公益基金会。创基金以"求创新、助创业、共创未来"为使命，特别设有教育、发展及交流委员会，希望能够实现协助推动设计教育的发展，传承和发扬中华文化，支持业界相互交流的美好愿望。

# 课题院校学术委员会
## 4&4 Workshop Project Committee

中央美术学院建筑设计研究院
王铁 教授 院长
Central Academy of Fine Arts, School of Architecture
Prof. Wang Tie, Dean

清华大学美术学院
张月 教授
Tsinghua University, Academy of Arts & Design
Prof. Zhang Yue

天津美术学院 环境与建筑艺术学院
彭军 教授 院长
Tianjin Academy of Fine Arts, School of Environment and Architectural Design
Prof. Peng Jun, Dean

佩奇大学工程与信息学院
阿高什 教授
金鑫 博士
University of Pecs, Faculty of Engineering and Information Technology
Prof. Akos Hutter
Dr. Jin Xin

四川美术学院 设计艺术学院
赵宇 副教授
Sichuan Fine Arts Institute, Academy of Arts & Design
Prof. Zhao Yu

山东师范大学 美术学院
段邦毅 教授
Shandong Normal University
Prof. Duan Bangyi

青岛理工大学 艺术学院
谭大珂 教授
Qingdao Technological University, Academy of Arts
Prof. Tan Dake

山东建筑大学 艺术学院
陈华新 教授
Shandong Jianzhu University, Academy of Arts
Prof. Chen Huaxin

吉林艺术学院 设计学院
于冬波 副教授
Jilin University of the Arts, Academy of Design
Prof. Yu Dongbo

西安美术学院 建筑环艺系
周维娜 教授
Xi'an Academy of Fine Arts, Department of Architecture and Environmental Design
Prof. Zhou Weina

苏州大学 金螳螂城市建筑环境设计学院
王琼 副院长
Soochow University, Gold Mantis School of Architecture and Urban Environment
Prof. Wang Qiong, Vice-Dean

吉林建筑大学 艺术设计学院
齐伟民 副教授
Jilin Jianzhu University , Academy of Arts & Design
Prof. Qi Weimin

中南大学 建筑与艺术学院
朱力 教授
Central South University, Academy of Arts & Architecture
Prof. Zhu Li

湖南师范大学 美术学院
王小保 副总建筑师
Hunan Normal University, Academy of Arts
Prof. Wang Xiaobao, Associate Architect

湖北工业大学 艺术设计学院
郑革委 教授
Hubei University of Technology, Academy of Arts & Design
Prof. Zheng Gewei

广西艺术学院 建筑艺术学院
陈建国 副教授
Guangxi Arts University, Academy of Arts & Architecture
Prof. Chen Jianguo

深圳市创意公益基金会
姜峰 秘书长
Shenzhen Chuang Foundation
Jiang Feng, Secretary-General

中国建筑装饰协会
刘晓一 秘书长
刘原 设计委员会秘书长
China Building Decoration Association
Liu Xiaoyi, Secretary-General
Liu Yuan, Design Committee Secretary-General

北京清尚环艺建筑设计院
吴晞 院长
Beijing Tsingshang Architectural Design and Research Institute Co.,Ltd.
Wu Xi, Dean

苏州金螳螂建筑装饰股份有限公司设计研究总院
石赟 副院长
Suzhou Gold Mantis Construction Decoration Co.,Ltd. Design and Research Institute
Shi Yun, Vice-Dean

# 佩奇大学工程与信息学院
## University of Pecs
## Faculty of Engineering and Information Technology

## 硕士录取名单
## Master Admission List

"四校四导师"毕业设计实验课题已经纳入佩奇大学建筑教学体系,并正式成为教学日程中的重要部分。在本次课题中获得优秀成绩的四名同学成功考入佩奇大学工程与信息学院攻读硕士学位。

The 4&4 workshop program is a highlighted event in our educational calendar. There are four outstanding students get the admission to study for master degree in University of Pecs, Faculty of Engineering and Information Technology

| | | | |
|---|---|---|---|
| 中央美术学院 | 胡天宇 | Central Academy of Fine Arts | Hu Tianyu |
| 中央美术学院 | 石 彤 | Central Academy of Fine Arts | Shi Tong |
| 四川美术学院 | 李 艳 | Sichuan Fine Arts Institute | Li Yan |
| 中央美术学院 | 张秋语 | Central Academy of Fine Arts | Zhang Qiuyu |

2016年6月19日          19th June 2016

# 佩奇大学工程与信息学院简介

佩奇大学是匈牙利国立高等教育机构之一，在校生约26000名。早在1367年，匈牙利国王路易斯创建了匈牙利的第一所大学——佩奇大学。佩奇大学设有十个学院，在匈牙利高等教育领域起着重要的作用。大学提供多种国际认可的学位教育和科研项目。目前，每年我们接收来自60多个国家的近2000名国际学生。30多年来，我们一直为国际学生提供完整的本科、硕士、博士学位的英语教学课程。

佩奇大学的工程和信息学院是匈牙利最大、最活跃的科技高等教育机构，拥有近万名学生和40多年的教学经验。此外，我们作为国家科技工程领域的技术堡垒，是匈牙利南部地区最具影响力的教育和科研中心。我们的培养目标是：使我们的毕业生始终处于他们的职业领域的领先地位。学院提供与行业接轨的各类课程，并努力让我们的学生掌握将来参加工作所必备的各项技能。在校期间，学生们参与大量的实践活动。我们旨在培养具有综合能力的复合型专业人才，他们充分了解自己的长处和弱点，并能够行之有效地表达自己。通过在校的学习，学生们更加具有批判性思维能力、广阔的视野，并且宽容和善解人意，在他们的职业领域内担当重任并不断创新。

作为匈牙利最大、最活跃的科技领域的高等教育机构，我们始终使用得到国际普遍认可的当代教育方式。我们的目标是提供一个灵活的、高质量的专家教育体系结构，从而可以很好地满足学生在技术、文化、艺术方面的要求，同时也顺应了自21世纪以来社会发生巨大转型的欧洲社会。我们理解当代建筑；我们知道过去的建筑教育架构；我们和未来的建筑工程师们一起学习和工作；我们坚持可持续发展；我们重视自然环境；我们专长于建筑教育!我们的教授普遍拥有国际教育或国际工作经验；我们提供语言课程；我们提供国内和国际认可的学位。我们的课程与国际建筑协会有密切的联系与合作，目的是为学生提供灵活且高质量的研究环境。我们与国际多个合作院校彼此提供交换生项目或留学计划，并定期参加国际研讨会和展览。我们大学的硬件设施达到欧洲高校的普遍标准。我们通过实际项目一步一步地引导学生。我们鼓励学生发展个性化的、创造性的技能。

博士院的首要任务是：为已经拥有建筑专业硕士学位的人才和建筑师提供与博洛尼亚相一致的高标准培养项目。博士院是最重要的综合学科研究中心，同时也是研究生的科研机构，提供各级学位课程的高等教育。学生通过参加脱产或在职学习形式的博士课程项目达到要求后可拿到建筑博士学位。学院的核心理论方向是经过精心挑选的，并能够体现当代问题的体系结构。我们学院最近的一个项目就是为佩奇市的地标性建筑——古基督教墓群进行遗产保护，并负责再设计（包括施工实施）。该建筑被联合国教科文组织命名为世界遗产，博士院为此作出了杰出的贡献并起到关键性的作用。参与该项目的学生们根据自己在此项目中参与的不同工作，将博士论文分别选择了不同的研究方向：古建筑的开发和保护领域、环保、城市发展和建筑设计等等。学生的论文取得了有价值的研究成果，学院鼓励学生们参与研讨会、申请国际奖学金并发展自己的项目。

我们是遗产保护的研究小组。在过去的近四十年里，佩奇的历史为我们的研究提供了大量的课题。在过去的三十年里，这些研究取得巨大成功。2010年，佩奇市被授予"欧洲文化之都"的称号。与此同时，早期基督教墓地及其复杂的修复和新馆的建设工作也完成了。我们是空间制造者。第13届威尼斯建筑双年展，匈牙利馆于2012年由我们的博士生设计完成。此事所取得的成功轰动全国，展览期间，我们近500名学生展示了他们的作品模型。我们是国际创新型科研小组。我们为学生们提供接触行业内活跃的领军人物的机会，从而提高他们的实践能力，同时也为行业不断增加具有创新能力的新生代。除此之外，我们还是创造国际最先进的研究成果的主力军，我们将不断更新、发展我们的教育。专业分类：建筑工程设计系、建筑施工系、建筑设计系、城市规划设计系、室内与环境设计系、建筑和视觉研究系。

佩奇大学工程与信息学院
院长 巴林特
2016年6月24日
University of Pecs
Faculty of Engineering and Information Technology
Pro.Balint Bachmann，Dean
24th June，2016

# 前言·踏实积累
Preface: Efforts &Accumulation

中央美术学院建筑设计研究院 院长 博士生导师 王铁教授
Central Academy of Fine Arts, Professor Wang Tie, Dean

6月20日在中央美术学院美术馆学术报告厅成功地举办了课题颁奖典礼，只因为8年里2880天的积累，在这一天全体师生们感到格外踏实。完成第八届"四校四导师"环境设计（建筑与人居环境设计）本科毕业设计实验教学课题，对于中国高等院校环境设计学科的学科带头人来讲，确实是难得的坚持，如果导师们不是出于对从事教育事业的热爱，何以谈得上踏实积累。经过8年的实践教学取得了如此骄人的业绩，究其实质可以相信，是来自于行业协会和创想基金会给予教师的鼓励，表明的是课题组全体教师的坚持。

在三个多月100多天时光里，师生们走过相互鼓励阶段，为共同的价值目标而互动，一个又一个困难被攻破，特别是课题设计研究机构的实践课题导师们，用辛勤和包容完成课题的引导，为高质量的实验教学添加了正能量和强大动力源。一幕幕可赞可颂的场面让人不能忘怀。课题师生感动他人和感动自己的场景历历在目。特别是第三次参加实践教学课题合作院校匈牙利（国立）佩奇市PECS大学PTE学院，院长和副院长带领3名学生参加课题，同仁之间得到的不仅仅是眼前取得的小成绩，同时也反映到相互之间的内心深处，思考着更加长远的合作。同仁的满足与信心鉴定了正确的选择和取得的学术价值成果，作为导师，回忆与学生相处的日子，留下了许多难以忘却的回忆，那些互动的场面仿佛就在眼前。

八个春夏秋冬对于教师是个考验，给学生留下的是永远不可磨灭的记忆。课题组用心血培养出的优秀人才走上了工作岗位，他们的工作能力得到了用人企业和社会相关行业媒体的认可，同时进一步要求全体教师对课题的未来发展提出新思路，在成绩面前教师们的责任与信心同时倍增，这就是中国建筑装饰卓越人才计划奖暨2016创基金（四校四导师）4×4建筑与人居环境设计实验教学课题成功的秘诀。

国家教育发展的核心是建立可持续人才战略链条，在相关政策和精神的鼓舞下，全国高等教育设计学科正有条不紊地实施实践教学计划。回顾课题的发展经历，课题组与中国建筑装饰协会设计委员会合作，自2008年开始与国内重点高等院校合作，集结环境设计学科带头人共同创立名校名企实验教学平台，全面开展环境设计本科毕业设计实验教学课题的实施计划。教学活动现已成为全国建筑装饰行业的年度例行规划学术活动，得到了国内外广大设计机构、企业和研究机构等各行业同仁的广泛认可。第八届课题实践导师组是来自国内外高等院校学科带头人、中国建筑装饰设计企业50强企业，共同架起院校与企业间的互动桥梁，达到了设立该学术课题的目的。

总结实验教学课题的过去，评估其获得的成果，探讨院校间实践教学，寻找相同和不同，深入研究教与学的核心价值与实际结合，建立可操作系统下的长期健康设计教育发展战略，科学制定实践教学课题组今后三年发展的目标，提出2017年至2019年发展规划，目的是使实验教学课题更加理性规范，科学有序地沿着更加可行的实践道路前进。

踏实积累需要良好的理论基础，为学校培养更多的青年教师是课题组的责任。培养知识与实践双型人才战略是课题组一贯坚持的教育方针。在成绩面前课题组导师共同的心愿是建立探讨实践教学理念下的课题研究团队，打造校企合作共赢平台，培养更多高质量合格人才，完善提高青年教师知识与实践的综合能力，为中国建筑设计业长期健康有序发展保驾护航。

在时代的节律中，高等教育环境设计专业的发展已被高度关注，虽然设计教育也需要生态化，但是必须切记任何形式的运行都要维护成本付出。过高估计就会产生问题，过低估计也会给设计教育带来更加深远的伤害。为此建构良性基础是设计教育的发展研究方向，强调具有综合的审美能力，良好的理论体系是课题教师的目标。感动教师的是学子们取得优秀成绩，学生的幸福就是学习期间能够遇到一批优秀的教师，如同让国家有希望的前提就是提高全民素质。衷心希望教者更努力，学者更用心，设计教育更加踏实地沿着理性发展的道路进行综合积累。

在课题作品即将出版发行之际，深知教师的使命感，课题带头人的责任"路漫漫"。衷心感谢为2016创基金（四校四导师）4×4建筑与人居环境设计实验教学课题作出贡献的单位和个人，并代表课题组再次表示感谢同仁的鼎力支持，感谢深圳创想基金会的支持和帮助，感谢全体参加课题的同学，祝大家工作顺利，身体健康。

2016年8月10日北京
方恒国际中心工作室

# 目录
Contents

课题院校学术委员会
佩奇大学工程与信息学院硕士录取名单
佩奇大学工程与信息学院简介
前言·踏实积累
参与单位及个人 …… 013
2016创基金（四校四导师）4×4建筑与人居环境"美丽乡村"主题设计教案 …… 015
课题组长的课题提示 …… 019
活动安排 …… 021
责任导师组 …… 025
指导教师组 …… 026
课题督导 …… 027
实践导师组 …… 027
特邀导师组 …… 027
实践态度 /王铁 …… 028
思考环境设计教学/张月 …… 040
"美"之为何？"丽"之安在？/彭军 …… 043
"重新想象"看待建筑遗产/阿高什 …… 049
实践教学/王琼 …… 053
毕业设计引发思考/陈华新 …… 061
思维能力与艺术设计人才培养/于冬波 …… 065
实践教学启发/谭大珂 …… 069
过程控制/赵宇 …… 071
产学研校际联动实验教学探究/贺德坤 …… 078
设计教学实践思考/李洁玫 …… 083
"协同教学"校企合作/段邦毅 …… 086
制图表达改进探讨/郑革委 …… 089
地域景观认知与设计表达/齐伟民 …… 094
同质性与异质性/陈建国 …… 098
设计·交流/朱力 …… 102
设计教育·文化自觉·慎思笃行/周维娜 …… 106
加大建筑设计基础课程的配比/韩军 …… 110
构想·实践·教学　青岛理工大学研讨会 …… 114
开题答辩及新闻发布会 …… 127
中期答辩·四川美术学院 …… 139
中期答辩·中南大学 …… 145
终期答辩·中央美术学院 …… 151
颁奖典礼·中央美术学院 …… 157
后记·分步融入未来空间设计教育的发展趋势 …… 170

# 2016创基金（四校四导师）4×4建筑与人居环境"美丽乡村设计"实验教学课题

参与单位及个人

（中外16所学校建筑与人居环境设计本科及研究生实验与实践教学）

教学管理学术委员会
主 任 委 员： 王 铁 教授 中央美术学院
副主任委员： 张 月 教授 清华大学美术学院
　　　　　　 彭 军 教授 天津美术学院

学 术 委 员： 赵 宇 副教授 四川美术学院
　　　　　　 阿高什 教授 匈牙利（国立）佩奇大学
　　　　　　 金 鑫 助理教授 匈牙利（国立）佩奇大学
　　　　　　 于冬波 副教授 吉林艺术学院
　　　　　　 王小保 教授 湖南师范大学
　　　　　　 段邦毅 教授 山东师范大学
　　　　　　 陈华新 教授 山东建筑大学
　　　　　　 吴永发 教授 苏州大学
　　　　　　 齐伟民 教授 吉林建筑大学
　　　　　　 谭大珂 教授 青岛理工大学
　　　　　　 陈建国 副教授 广西艺术学院
　　　　　　 周维娜 教授 西安美术学院
　　　　　　 朱 力 教授 中南大学
　　　　　　 郑革委 教授 湖北工业大学

特 邀 导 师： 韩 军 副教授 内蒙古科技大学
　　　　　　 曹莉梅 副教授 黑龙江省建筑职业技术学院

创想公益基金及业界知名实践导师： 林学明
　　　　　　　　　　　　　　　　 戴 坤
　　　　　　　　　　　　　　　　 琚 宾

知名企业高管： 吴 晞 清华大学人居集团副董事长
　　　　　　　 孟建国 中国建筑设计研究院、住邦建筑装饰设计研究院院长
　　　　　　　 姜 峰 J&A杰恩创意设计公司、创始人、总设计师
　　　　　　　 石 赟 苏州金螳螂建筑设计研究总院副总设计师
　　　　　　　 裴文杰 青岛德才建筑设计研究院院长
　　　　　　　 于 强 深圳于强室内设计公司、创始人、总设计师

行业协会督导： 刘 原 中国建筑装饰协会总建筑师、设计委员会秘书长

特邀顾问单位： 深圳市创想公益基金会
　　　　　　　 中国建筑装饰协会设计委员会
　　　　　　　 中国高等院校设计教育联盟

课题顾问委员会（相关学校主管教学院校长）

顾问：
- 中央美术学院副院长　　　　　　　　　　　苏新平 教授
- 清华大学美术学院副院长　　　　　　　　　张　敢 教授
- 天津美术学院院长　　　　　　　　　　　　邓国源 教授
- 匈牙利（国立）佩奇大学　　　　　　　　　巴林特 教授
- 苏州大学金螳螂建筑与城市环境学院院长　　吴永发 教授
- 四川美术学院院长　　　　　　　　　　　　庞茂琨 教授
- 山东师范大学校长　　　　　　　　　　　　唐　波 教授
- 青岛理工大学副校长　　　　　　　　　　　张伟星 教授
- 山东建筑大学副校长　　　　　　　　　　　韩　锋 教授
- 吉林建筑大学副校长　　　　　　　　　　　张成龙 教授
- 广西艺术学院院长　　　　　　　　　　　　郑军里 教授
- 湖南师范大学　　　　　　　　　　　　　　蒋洪新 教授
- 湖北工业大学副校长　　　　　　　　　　　龚发云 教授
- 吉林艺术学院院长　　　　　　　　　　　　郭春方 教授
- 中南大学　　　　　　　　　　　　　　　　张尧学 教授
- 西安美术学院　　　　　　　　　　　　　　郭线庐 教授

媒体支持：
- 创基金网
- 中装新网
- 中国建筑装饰网

教务管理（课题院校）：
- 中央美术学院教务处　　　　王晓琳 处长
- 清华大学美术学院教务处　　董素学 主任
- 天津美术学院教务处　　　　赵宪辛 处长
- 苏州大学教务处　　　　　　唐忠明 处长
- 四川美术学院教务处　　　　翁凯旋 处长
- 山东师范大学教务处　　　　安利国 处长
- 青岛理工大学教务处　　　　王在泉 处长
- 山东建筑大学教务处　　　　段培永 处长
- 广西艺术学院教务处　　　　钟宏桃 处长
- 吉林建筑大学教务处　　　　陈　雷 处长
- 湖南师范大学教务处　　　　蒋新苗 处长
- 湖北工业大学教务处　　　　马　丹 处长
- 吉林艺术学院教务处　　　　郑　艺 处长
- 中南大学教务处　　　　　　王小青 处长
- 西安美术学院教务处　　　　李云集 处长
- 中国建筑工业出版社　　　　唐　旭 主任

名企支持：
- 中国建筑装饰协会设计委员会
- 中国建筑设计研究院
- 北京清尚环艺建筑设计研究院
- J&A杰恩创意设计公司
- 苏州金螳螂建筑装饰设计研究院
- 青岛德才建筑设计研究院

课题主题：　"美丽乡村"建筑与人居环境设计

# 2016创基金（四校四导师）4×4建筑与人居环境"美丽乡村"主题设计教案

课题性质：公益自发、中外高校联合、中国建筑装饰协会牵头
资金来源：创想公益基金（部分费用需自筹）
实践平台：中国建筑装饰协会、高等院校设计联盟
教学管理：4×4（四校四导师）课题组
教学监管：创想公益基金、中国建筑装饰协会
指导方式：打通指导学生不分学校界限、共享师资
选题方式：在规定课题库内、学生在责任导师指导下进行选择
导师资格：相关学科带头人、副教授以上职称、讲师不能作为责任导师（注明职称）
学生条件：应届本科毕业生、应届硕士研究生（学生必须注明学号）计划内限定48名
课题答辩：导师分为计划内一组、计划外一组，在课题规定的计划时间完成全部实验教学
调研方式：根据选题情况进行分组调研，邀请当地规划局负责人讲解和互动
教案编制：中央美术学院建筑设计研究院院长　博士生导师　王铁教授

| 课题院校（16所） | 四核心（责任教授4名） | 院校责任导师： | |
|---|---|---|---|
| | 中央美术学院　（国属）　（教授1名、学生3名） | 王　铁 | |
| | 清华大学美术学院（国属）（教授1名、学生3名） | 张　月 | |
| | 天津美术学院　（市属）　（教授1名、学生3名） | 彭　军 | |
| | 匈牙利佩奇大学（国立）　（教授2名、学生3名） | 阿高什 | |
| | | 金　鑫 | |
| | 六基础（责任教授6名） | 郑革委 | |
| | 四川美术学院　（市属重点）（教授1名、学生3名） | 段邦毅 | |
| | 山东师范大学　（省属重点）（教授1名、学生3名） | 陈华新 | |
| | 苏州大学　　　（省属重点）（教授1名、学生3名） | 赵　宇 | 知名设计企业高管： |
| | 青岛理工大学　（省属重点）（教授1名、学生3名） | 齐伟民 | 吴　晞 |
| | 山东建筑大学　（省属重点）（教授1名、学生3名） | 谭大珂 | 孟建国 |
| | 吉林艺术学院　（省属重点）（教授1名、学生3名） | 陈建国 | 姜　峰 |
| | | 吴永发 | 石　赟 |
| | 六邀请院校（教授6名） | 王小保 | 裴文杰 |
| | 西安美术学院　（市属重点）（教授1名、学生3名） | 周维娜 | 于　强 |
| | 吉林建筑大学　（省属重点）（教授1名、学生3名） | 朱　力 | |
| | 中南大学　　　（国属）　　（教授1名、学生3名） | 于冬波 | 行业协会督导： |
| | 湖南师范大学　（省属重点）（教授1名、学生3名） | 王　琼 | 刘　原 |
| | 湖北工业大学　（省属重点）（教授1名、学生3名） | | |
| | 广西艺术学院　（市属重点）（教授1名、学生3名） | 特邀导师： | |
| | | 韩　军 | |
| | 注： | 曹莉梅 | |
| | 1．国际合作院校导师和学生除一次往返机票需自己负担外，落地费用完全由课题组负担。 | | |
| | 2．责任教授限定17人（佩奇大学2名）。 | 实践导师： | |
| | 3．学生限定48人（计划内）。 | 林学明 | |
| | 4．课题师生总计65人（计划内）。 | 琚　宾 | |
| | 5．经费采取先由责任导师垫付，结题后报销原则。 | 戴　昆 | |

| | | | | | |
|---|---|---|---|---|---|
| 课题院校<br>（16所） | 6. 课题开始后院校责任导师不能缺席，课题报销按协议执行，报销名额65人。<br>7. 学生在课题中途不能退出，一旦中止所花销费用全部由责任导师负担。<br>8. 飞机和高铁一等座不能报销，出租汽车费用不包含在报销计划内。<br>9. 课题分为A组（计划内）、B组（计划外）课题必须在规定题库内选择。<br>10. 参加课题院校师生必须遵守课题组的教学管理，按教学计划执行。<br>11. 计划外导师和学生不享受费用报销，只享受获奖证书、参加集体颁奖典礼、推荐留学待遇，作品须放弃版权配合课题组组织出版，责任导师切记，否则不报销计划内所花费的全部经费。 | | | | |
| 课程类别 | 实践教学 | 考核方式 | 过程答辩、中期汇报、<br>终期答辩、颁奖典礼、<br>派遣留学（分数：100制） | 授课对象 | 应届本科四、五年级<br>应届硕士研究生 |
| 课题时间 | 2016年3月20日至2016年6月20日<br>共计：12周 | 课题地点 | 开题：平泉县<br>中期：四川美术学院<br>中期：中南大学<br>结题：中央美术学院 | 课题人数 | 65人<br>（限定计划内）<br>（不限定计划外） |
| 教学目标 | 1. 原则：在课题组教师共同指导下学生独立完成课题。参加学生必须要在掌握城市公共空间景观设计原理与建筑设计基础、宜居环境设计原理的基础上，深入理解课题任务书，对选用的设计课题用地进行深入调研分析。<br>2. 对已掌握的专业理论与技能展开深化，提高对城市街区的设计概念认识，学习构思与分析方法，掌握城市景观设计与建筑设计、室内设计综合基础原理和表现。<br>3. 在责任导师的认可下，参加课题的学生需要具备相关专业知识，能够按课题阶段规定计划进行课题拓展，达到实验教学课题的相关要求（掌握基础建构原理、功能分布、空间塑造、制图、识图、专业表现技法、文本写作）。 | | | | |
| 教学方法 | 1. 导师讲解课题的学习计划和设计基本原则，把控学生分阶段完成相关计划，组织学生对用地及环境进行实地调研，每位学生在开课题前要完成综合梳理，向责任导师汇报调研报告，获得通过后参加每一阶段课题汇报，达标后可参加答辩。<br>2. 导师必须把握学生课题进度及讲解与设计原理及相关知识，课题过程注重互动，随堂辅导学生，解决学生提出的问题，课题分为四个阶段（如下）。 | | | | |

| 教学内容 | 宗旨: |
|---|---|
| | 1. 实地调研和资料收集，了解、认识感受、分析乡村环境空间（课题街区）关系及寻找设计手法，在学习理解相关城市设计基础和设计规范的基础上，掌握设计方法。 |
| | 2. 对调研资料收集结果加以梳理、编写出《调研报告》，字数不得少于1500字（含图表），为课程的进一步深入打下可靠基础。 |
| | 注： |
| | 调研地点：（详见用地条件及设计任务书）。 |
| | |
| | 汇报要求（课题）： |
| | |
| | 第一阶段： |
| | 调研报告一份，完成PPT制作（总平面图、功能分析图、主要建筑景观立面图，横剖与纵剖不少于2个断面图）。可以选用意向图丰富主题，在责任导师的认可后参加调研课题汇报。 |
| | |
| | 第二阶段： |
| | 强调构思过程草图表现，依据调研成果建造用地模型（提供用地内建筑模型），强调分析过程，强调建构意识，强调功能布局，强调深入能力。平衡用地遗留建筑与新功能建筑及景观环境设计概念方案的关系，严格遵守课题任务书要求，严格表现CAD及标高界限。完成PPT制作，在责任导师的认可后参加调研课题中期汇报。 |
| | |
| | 第三阶段： |
| | 完成动线流程，深入区域划分，强调建筑功能与特色，分析各功能空间之间的关系、建造意识、形态及设计艺术品位，完成城市街区古建筑保护与新建筑建设、环境景观的综合设计方案。 |
| | |
| | 第四阶段： |
| | 提交完整的课题最终排版内容（电子文件一份），最终答辩用PPT，必须有记录课题设计全过程的重要内容，作品标明"主题"、学校、姓名、指导教师。 |
| 作业小样 | 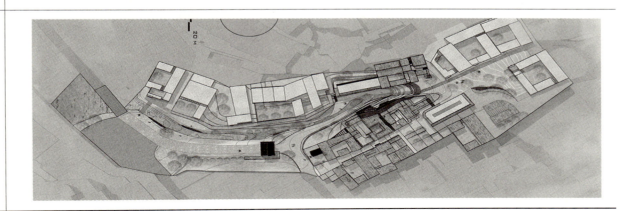 |

| | 续表 |
|---|---|
| 参考书目 | 1. 《乡土景观设计手法》，(日)进士五十八、(日)铃木诚、(日)一场博幸著，李树华、杨秀娟、董建军译，中国林业出版社，2008年版。<br>2. 《没有建筑师的建筑》，(美)伯纳德·鲁道夫斯基著，高军译，天津大学出版社，2011年版。<br>3. 《传统村镇聚落景观分析》，彭一刚著，中国建筑工业出版社，1992年版。<br>4. 《景观新农村》，陈威著，中国电力出版社，2007年版。<br>5. 《用武之地——四校四导师学生作品集》、《再接再厉——四校四导师导师论文集》，王铁等著，中国建筑工业出版社，2015年版。<br>注：<br>书目仅供参考，也可参考其他此类型的可读物。 |
| 备注 | 1. 结合课程发挥导师与学生互动的优势，达到对城市历史街区保护设计一般性原理的掌握。<br>2. 达到学生在多个导师面前，学会梳理，找出解决设计问题的方法，为融入设计院工作打下基础。<br>3. 选用本课题的同学可申请课题合作境外国立高等院校建筑学专业硕士课程。<br>4. 获得一等奖的同学全额免除学费进入匈牙利佩奇大学波拉克米海伊工程信息科学学院攻读硕士学位，推荐在中国建筑装饰设计50强知名企业就职。<br>5. 获二等奖同学免除入学考试，交纳学费进入匈牙利佩奇大学波拉克米海伊工程信息科学学院攻读硕士学位。<br>6. 获三等奖、佳作奖学生，将授予中国建筑装饰协会加盖公章的获奖证书。<br>7. 在年度的中国建筑装饰设计代表大会上进行表彰。<br>8. 参加课题院校责任导师要认真阅读本课题的要求，承诺遵守课题要求，签署合作协议，按时完成四个阶段的各阶段教学要求，严格监督自己学校的学生汇报质量。<br>9. 责任导师必须遵守课题管理，确认本学校师生名单不能中途换人，课题秘书将严格执行签署协议，违反协议的院校一切费用需由责任导师负担。<br>10. 课题费用报销前先由责任导师垫付（发票抬头统一，开题前通知），课题阶段使用的费用必须严格按协议执行。 |

说明：本教案由责任教师于开题前完成确认，并返回课题组秘书处。

# 课题组长的课题提示

## 一、重要内核系统性

　　中国近现代城市历史发展在一定的程度上对于广大的乡村多少有一些影响，不同的是中国城市建设伴随着国际上发达国家的城市先进理念，根据自身国情在近一个多世纪的实践中不断探索，特别是近代借鉴国际城市建设的先进相关法规中，形成了自己的特色。可是同时期在广阔的乡村建设中始终遗留着五千年农业文明遗痕，回顾中国乡村建设，自古以来多以宗族式、家族式、自由抱团取暖式无序发展，直到今天乡村建设依然要面对历史遗留的问题，主要表现在无建设规范、无安全意识、无卫生条件，而且这种现象至今依然在乡村继续。

　　国家美丽乡村建设政策为广大的农村建设迎来了机遇。调查发现在国内边远乡村街区里依然保留着各个时期的优秀建筑，现在还可以看得出昔日的雄风。历史证明人们对有价值的历史建筑进行保护是完善科学健康的建设基础，是达到宜居建设共同价值观的体现，同时也是继承优秀文化评价城乡系统的重要内核。近些年从世界各国对城乡优秀历史建筑及景观保护的案例中，获得了为乡村发展有价值的信息，成就了环保理念在低碳城村建设中的综合价值，有序提升了科学宜居理念。时下看到建立在多层面、多元化、综合系统下的多维思考，其成果已影响到城乡面貌的改变上。健康的城乡系统性是迈向科学管理乡建建设不可缺失重要组成部分，是正在不断走科学管理乡村规划和建设向有序更新迈出的第一步。为此、科学升级历史乡建完善乡村功能，具有法规的乡村街区是过渡到宜居民宿功能必须梳理的重要条件，建立规范下系统性是应对整个城乡发展的硬件，是大环境保护下美丽乡村良性生长的依据。研究城乡生态是专业院校和优秀企业的历史责任，课题组认为实践教学课题离不开行业协会，离不开"创想基金"的支持，感谢"创想基金会"。

　　立体化思考是第八届"四校四导师"课题组的主张，课题开展八年来始终遵循客观公正，以认真负责的态度对涉及城乡建设问题进行研究与探索，有序的升级了中国环境设计学科教育的教学质量。教学始终保持为培养优秀学生为目的，以对接社会需求的教学理念为宗旨，强调城乡综合居住景观功能与乡村视觉美的科学系统性为目标。所以在课题开始之际我提示参加课题院校的责任导师，在指导学生设计时必须做到严格把关，在教学中做到启发式引导学生建构意识，以系统性为基础强调教学质量。拓宽学生对于城乡生态、乡村建筑设计、环境景观、植被绿化、水体环境、设施小品、低碳理念、文脉传承、建设价值、设计信息等方面的认识，达到立体思考的设计者的素质。教与学其核心是培养更多的学生成为立体思考的优秀设计人才，用更加多维思考理解城乡环境生态发展过程，理解乡村环境走向法规化，建设中相互渗透的节点，促使研究乡村宜居街区新情感与历史情感的有机对接。我希望2016年的"四校四导师"是中外课题院校研究城乡宜居环境系统性的平台，成为2016年"四校四导师"首先课题，夯实中外16所高等院校继续合作研究的课题，成为高质量的加油站、工作站。

## 二、无偏差的有序性

　　八年来"四校四导师"课题成果影响到参加院校教师在毕业设计教学，完整的实践教学模式已反映到教学研究中与学生就业工作单位上，得到了各方面高度的评价，课题正有序性地得到相关业界同行的广泛认可。从设计企业反馈的高度评价，激励了课题组团队导师继续完善实验教学与探索的信心，成为继续探索教学的新动力源。接下来责任导师在指导学生时必须强调，在城乡建设发展的现阶段，有序性规范乡村法规将在乡建实施中起到核心作用，做到总平面与功能分区交通畅通是核心价值。因此，有序学习先进国家的城市建设经验，分析必须建立在理性基础上，科学技术与艺术表现是教授学生的基本原则。对于学生而言主要掌握两个方面：一是对接城乡主线道路的国家规范与乡村道路，如何对接村镇。二是掌握乡村道路与区域空间内宜居建筑的规范，再次提醒责任导师"有序性"，特别是环境设计学科出身的教师在指导学生的时候，综合理解建构技术与艺术设计的相关学科知识，用立体思维指导学生。把握主线专业与两翼学科之间的构成架构，表现设计强调"有序性"理念，即村域与主次道路合流后的系统设计，法规准许下流畅设计，有能力地建立可控条件下创新，在宜居建筑设计、景观设计中形成互动，做到既丰富了环境，又创造出与当下科技时代相适应的乡村民宿，只有这样才能够创造出"有序性"，规范教学，规范自己，做到双提高。美丽乡村建设之美是时代的选择，服务意识是教师的职业道德，丰富的知识结构是保证教师岗位的第一条件，立体思维是确保指导学生无偏差可靠保障，在人生职业教育"点、线、面"的层次关系上真正做到中国设计教育职场上的"有序性"，才是合格伯乐。

### 三、技术是保障艺术性的基础

当今城乡宜居和公共环境建设是广义的，教师综合设计能力是最经得起考验的，知识只有与实践相结合，才能验证出伯乐的能力。美丽乡村建设是值得研究的课题，实现目标必须要掌握与之相关的专业技术知识。塑造乡村整体艺术性必须首先考虑到技术保障，艺术表现方法是末端，基础在当下乡村建筑设计与景观设计中非常重要。当你面对复杂群体的建议时，显现出的是综合专业知识能力和处理事物的智慧，因为当下参与乡村设计群体已不仅仅以设计师为主，国家强调的是民意与一个实现它的强有力的班子。所以在关心乡村建设的群体中，不仅有建筑师和景观设计师，还有人文学家、社会学家、综合艺术家、管理经营者等多学科专家。这使乡村街区建筑设计与整体景观设计在思考中放大了综合性，需要教师用"分辨力"，同时也给教师提出更高要求，即"专业智慧"。

教师在教学中，强调技术手段在教学中不仅是为理性创意，更重要的是技术保障下的可控发展，由于乡村街区民居建筑设计与景观设计离不开国民素质基础，离不开环境意识，脱离不了与自然有着密切关系的主题墙，科学地融入低碳理念是艺术性的不可抗拒的基础。教师建立综合能力下的一体化设计教学研究是未来乡村综合环境艺术表现方法的研究课题。可以说乡村公共环境中的艺术性表现是彰显国民综合素质的窗口，科学立体思考是理性建设下高素质的未来，理性科学是防止乡村街区景观成为部分艺术家个人的陈列商场的最后防火墙。

总之，全体责任导师在研究实践教学上，要抓住主题，研究教学的价值和下一步的目标，思考无偏差的有序性，技术是保障艺术性的基础，艺术表现基础是实验教学课题过程中值得重视的重中之重。

王铁教授  
2016年6月于北京中央美术学院

# 2016创基金（四校四导师）4×4建筑与人居环境实验教学课题

活动安排

一、开题汇报
承办单位：河北省平泉县
地　　点：河北省承德市平泉县
时　　间：2016年3月25日（周五）至3月27日（周日）
课题性质：公益自发、中外高校联合、中国建筑装饰协会牵头
资金来源：创想公益基金（部分费用需自筹）
实践平台：中国建筑装饰协会、高等院校设计联盟
教学管理：4×4（四校四导师）课题组
教学监管：创想公益基金、中国建筑装饰协会
指导方式：打通指导学生不分学校界限、共享师资
选题方式：在规定课题库内、学生在责任导师指导下进行选择
导师资格：相关学科带头人、副教授以上职称、讲师不能作为责任导师（注明职称）
学生条件：应届本科毕业生、应届硕士研究生（学生必须注明学号）计划内限定48名
课题答辩：导师分为计划内一组、计划外一组，在课题规定的计划时间完成全部实验教学
注：学生答辩名单应为乱序。

| 日期 | 活动安排 | 指导教师 | 提示 |
|---|---|---|---|
| 2016年3月<br>25日（周五）<br>26日（周六）<br>27日（周日） | 25日全天报到<br><br>26日上午<br>8:30～10:00<br>新闻发布会<br>10:10～12:00<br>开题汇报<br>12:13午餐<br>13:10～19:00<br>开题汇报<br><br>27日上午<br>（酒店退房）<br>8:30～12:00<br>汇报结束（学生返校） | 院校责任导师：<br>王铁、张月、彭军、赵宇、吴永发、阿高什、金鑫、朱力、王小保、段邦毅、陈华新、齐伟民、谭大珂、陈建国、郑革委、周维娜<br><br>创基金会及业界知名实践导师：<br>戴昆、林学明、琚宾<br>特邀导师：<br>韩军、曹莉梅<br><br>知名设计企业高管：<br>吴晞、孟建国、姜峰、石赟、裴文杰、于强<br><br>行业协会督导：<br>刘原 | 1. 现场调研、解读任务书、设计构思概念与表达。<br>2. 演示汇报PPT文件制作（标头统一按课题组规定）。<br>3. 常态内审均由各校责任导师负责、确保无误，确保课题教学质量。<br><br>注：<br>课题院校责任导师及助教辅导要在开题答辩前进行不少于三次辅导。 |

二、第一次中期汇报

承办单位：四川美术学院
地　　点：重庆市沙坪坝区大学城四川美术学院大学城校区
时　　间：2016年4月22日（星期五）至4月24日（星期日）
课题性质：公益自发、中外高校联合、中国建筑装饰协会牵头
资金来源：创想公益基金（部分费用需自筹）
实践平台：中国建筑装饰协会、高等院校设计联盟
教学管理：4×4（四校四导师）课题组
教学监管：创想公益基金、中国建筑装饰协会
指导方式：打通指导学生不分学校界限、共享师资
选题方式：在规定课题库内、学生在责任导师指导下进行选择
导师资格：相关学科带头人、副教授以上职称，讲师不能作为责任导师（注明职称）
学生条件：应届本科毕业生、应届硕士研究生（学生必须注明学号）计划内43名
课题答辩：导师分为计划内一组、计划外一组，在课题规定的计划时间完成全部实验教学
注：学生答辩名单应为乱序。

| 日期 | 活动安排 | 指导教师 | 提示 |
| --- | --- | --- | --- |
| 2016年4月<br>22日（周五）<br>23日（周六）<br>24日（周日）<br>第一次汇报 | 22日全天报到<br><br>23日上午：<br>8:30~10:00<br>中期汇报<br>10:10~12:00中期汇报<br>12:13午餐<br>13:10~19:00<br>中期汇报<br><br>24日上午（酒店退房）<br>8:30~12:00<br>中期汇报结束（学生返校） | 院校责任导师：<br>王铁、张月、彭军、赵宇、吴永发、阿高什、金鑫、于冬波、王小保、段邦毅、陈华新、齐伟民、谭大珂、陈建国、朱力、郑革委、周维娜<br><br>创基金会及业界知名实践导师：<br>戴昆、林学明、琚宾<br>特邀导师：<br>韩军、曹莉梅<br><br>知名设计企业高管：<br>吴晞、孟建国、姜峰、石赟、裴文杰、于强<br><br>行业协会督导：<br>刘原 | 1. 消化梳理导师团队提出的问题，调整总平面及功能分区。<br>2. 丰富设计构思概念与表达。<br>3. 修改演示汇报PPT文件制作（标头统一按课题组规定）。<br><br>注：<br>1. 常态内审均由各校责任导师负责、确保无误，确保课题教学质量。<br>2. 课题院校责任导师及助教辅导需要在中期答辩前进行不少于三次辅导。 |

三、第二次中期汇报

承办单位：中南大学
地　　点：中南大学建筑与艺术学院113（本科公费组）、315（自费组、研究生公费组）
时　　间：2016年5月21日（星期六）
课题性质：公益自发、中外高校联合、中国建筑装饰协会牵头
资金来源：创想公益基金（部分费用需自筹）
实践平台：中国建筑装饰协会、高等院校设计联盟
教学管理：4×4（四校四导师）课题组
教学监管：创想公益基金、中国建筑装饰协会
指导方式：打通指导学生不分学校界限、共享师资
选题方式：在规定课题库内、学生在责任导师指导下进行选择
导师资格：相关学科带头人、副教授以上职称，讲师不能作为责任导师（注明职称）
学生条件：应届本科毕业生、应届硕士研究生（学生必须注明学号）计划内43名
课题答辩：导师分为计划内一组、计划外一组，在课题规定的计划时间完成全部实验教学
注：学生汇报名单应为乱序。

| 日期 | 活动安排 | 指导教师 | 提示 |
| --- | --- | --- | --- |
| 2016年5月<br>20日（周五）<br>21日（周六）<br>22日（周日）<br>第二次汇报 | 20日全天报到<br><br>21日上午：<br>8:30～10:00<br>中期汇报<br>10:10～12:00<br>中期汇报<br>12:13午餐<br>13:10～19:00<br>中期汇报<br><br>22日上午（酒店退房）<br>8:30～12:00<br>中期汇报结束（学生返校） | 院校责任导师：<br>王铁、张月、彭军、赵宇、吴永发、阿高什、金鑫、于冬波、王小保、段邦毅、陈华新、齐伟民、谭大珂、陈建国、朱力、郑革委、周维娜<br><br>创基金会及业界知名实践导师：<br>戴昆、林学明、琚宾<br><br>特邀导师：<br>韩军、曹莉梅<br><br>知名设计企业高管：<br>吴晞、孟建国、姜峰、石赟、裴文杰、于强<br><br>行业协会督导：<br>刘原 | 1. 进一步消化梳理导师团队提出的问题，调整平立剖面及立体关系，达到中后期进度标准。<br>2. 强调设计理念与完善技术指标与结构关系。<br>3. 修改演示汇报PPT文件制作（标头统一按课题组规定）。<br><br>注：<br>1. 常态内审均由各校责任导师负责、确保无误，确保课题教学质量。<br>2. 课题院校责任导师及助教辅导需要在中期答辩前进行不少于三次辅导。 |

四、终期答辩与颁奖典礼
承办单位：中央美术学院
地　　点：中央美术学院5号楼学术报告厅
时　　间：2016年6月18日（星期六）至6月19日（星期日）
课题性质：公益自发、中外高校联合、中国建筑装饰协会牵头
资金来源：创想公益基金（部分费用需自筹）
实践平台：中国建筑装饰协会、高等院校设计联盟
教学管理：4×4（四校四导师）课题组
教学监管：创想公益基金、中国建筑装饰协会
指导方式：打通指导学生不分学校界限、共享师资
选题方式：在规定课题库内、学生在责任导师指导下进行选择
导师资格：相关学科带头人、副教授以上职称，讲师不能作为责任导师（注明职称）
学生条件：应届本科毕业生、应届硕士研究生（学生必须注明学号）计划内43名
课题答辩：导师分为计划内一组、计划外一组，在课题规定的计划时间完成全部实验教学
注：学生答辩名单应为乱序。

| 日期 | 活动安排 | 指导教师 | 提示 |
| --- | --- | --- | --- |
| 2016年6月<br>17日（周五）<br>18日（周六）<br>19日（周日） | 17日全天报到<br><br>18日上午<br>8:30~12:00<br>终期答辩<br>12:10午餐<br>13:10~17:00<br>终期答辩结束(相关准备工作、布置场地)<br><br>19日上午（酒店退房）<br>9:00~11:00<br>颁奖典礼<br>19日下午（学生返校） | 院校责任导师：<br>王铁、张月、彭军、赵宇、吴永发、阿高什、金鑫、于冬波、王小保、段邦毅、陈华新、齐伟民、谭大珂、陈建国、朱力、郑革委、周维娜<br><br>创基金会及业界知名实践导师：<br>戴昆、林学明、琚宾<br>特邀导师：<br>韩军、曹莉梅<br><br>知名设计企业高管：<br>吴晞、孟建国、姜峰、石赟、裴文杰、于强<br><br>行业协会督导：<br>刘原 | 1. 梳理导师团队提出的相关问题，调整总平面与表现图，编写检查文字稿。<br>2. 检查与完善建造技术相关的内容。<br>3. 完成最终答辩演示PPT文件制作（标头统一按课题组规定）。<br><br>注：<br>1. 常态内审均由各校责任导师负责、确保无误，确保课题教学质量。<br>2. 课题院校责任导师及助教辅导需要在终期答辩前进行不少于三次辅导。 |

# 2016创基金（四校四导师）4×4建筑与人居环境"美丽乡村设计"课题成员

## 责任导师组

中央美术学院
王铁教授

清华大学美术学院
张月教授

天津美术学院
彭军教授

苏州大学
王琼教授

湖南师范大学
王小保副总建筑师

山东建筑大学
陈华新教授

山东师范大学
段邦毅教授

吉林艺术学院
于冬波副教授

青岛理工大学
谭大珂教授

四川美术学院
赵宇副教授

湖北工业大学
郑革委教授

吉林建筑大学
齐伟民副教授

广西艺术学院
陈建国副教授

中南大学
朱力教授

西安美术学院
周维娜教授

佩奇大学
阿高什教授

佩奇大学
金鑫助理教授

# 2016创基金(四校四导师)4×4建筑与人居环境 "美丽乡村设计" 课题成员

## 指导教师组

中央美术学院
赵坚博士

中央美术学院
范尔蒴副所长

天津美术学院
高颖副教授

苏州大学
钱晓宏讲师

湖南师范大学
沈竹讲师

湖南师范大学
欧涛教授

山东建筑大学
陈淑飞讲师

山东师范大学
李荣智讲师

吉林艺术学院
郭鑫讲师

吉林艺术学院
张享东讲师

青岛理工大学
贺德坤副教授

青岛理工大学
李洁玫讲师

青岛理工大学
张茜博士

四川美术学院
谭晖 讲师

湖北工业大学
罗亦鸣讲师

吉林建筑大学
马辉副教授

吉林建筑大学
高月秋副教授

广西艺术学院
莫媛媛讲师

中南大学
陈翊斌副教授

西安美术学院
海继平副教授

西安美术学院
王娟副教授

西安美术学院
秦东副教授

# 2016创基金(四校四导师)4×4建筑与人居环境"美丽乡村设计"课题成员

### 课题督导

刘原

### 实践导师组

于强　　　吴晞　　　姜峰

琚宾　　　林学明　　　孟建国

裴文杰　　　石赟　　　戴昆

### 特邀导师组

韩军　　　曹莉梅

# 实践态度
Practical Attitude

中央美术学院建筑设计研究院 院长、博士生导师 王铁教授
Central Academy of Fine Arts, School of Architecture
Prof. Wang Tie Dean

　　摘要：累计八个春天，对于课题研究需要毅力。是多少天无须统计，坚持中的坚持就是答案。2016创基金4×4（四校四导师）建筑与人居环境"美丽乡村设计"课题伴随着颁奖典礼在中央美术学院美术馆报告厅落下了帷幕，从激动开始到思考落幕。计算器提醒课题，可以准备明年第九届课题了。6月20日这天，在国内外16所院校的师生共同努力下，历经开题、中期、最终答辩四个阶段，课题师生从河北承德出发，经过重庆、长沙，在终点北京顺利地完成了第八届四校四导师实践教学课题。深远意义和教学价值为探索中国高等教育设计学科走出了一小步，这就是高等教育设计学科历史上最豪华的毕业课题4×4。

　　视野对于人生事业发展至关重要，在前进途中正确的判断是校正视距目标不可缺少的导航仪，到达目标终点需要理性计划来支撑方可兑现，实践是检验态度的唯一标准。

　　关键词：高等教育，坚持中的坚持，社会的反馈，院校的点赞，视野人生

　　Abstract: It requires perseverance that worked on the workshop for eight years. No matter how many days we have done, keeping insisting is the answer. With the awards ceremony at the Central Academy of Fine Arts, 2016 Chuang-Foundation (Four University Four Mentor) 4×4workshop, building and living environment and "beautiful village" project came to a close. From excitement to thinking, time remind us that the subject can prepare next year for the ninth. The students and teachers from 17 domestic and foreign colleges and universities worked together, through four stages that open meeting, mid-term meetings and final report, subject teachers and students departed from Hebei Chengde, and Chongqing, Changsha, at last we successfully completed the eighth four universities four mentor teaching practice workshop in Beijing. Profound meaning and teaching value to explore a small step of China's higher education design disciplines. This is the the most luxurious Graduation Project – 4×4 workshop.

　　The view is crucial to the career development. The correct determine on the advance way is the target navigator. Reach the target requires a rational plan to support, practice is the standard of attitude.

　　Keywords: higher education, keep insisting, community feedback, Universities' thumbs up, View of Life

## 背景

　　这不是一篇论文，是八年坚持和实验教学日志。记载着中外16所高等院校3282天的合作。专业范围包括：建筑设计、环境设计、风景园林设计、室内空间设计专业教学研究与探讨，体现勇于实践探索教与学团队的智慧，值得同仁为之而点赞。因为群体优秀，所以始终不停地在尝试着知识与实践对接，创建出打破壁垒的价值理念，探索出可行的教学方向，让更多的教师和学生受益，其动力源就是伯乐职业责任感。坚持以教授治学理念为主导，建立探索实践创新教学价值平台，用多维思考的逻辑次序指导，2016创基金4×4（四校四导师）建筑与人居环境"美丽乡村设计"课题。这份坚持对于中国高等教育环境设计专业、风景园林设计专业教学理念，融入4×4（四校四导师）建筑与人居环境课题探索是难得的镇宅之宝。

基础

　　了解实验教学完整性，把时间回放到八年前。2008年的初冬思考多年的教学模式在理性的驱使下萌发出来，与清华大学美术学院环境艺术设计系主任张月教授沟通，一拍即合后确定了实验教学框架。隔日约定去天津美术学院环境与建筑设计学院，与彭军院长沟通，在共同的教学理念下达成了实验教学基础框架，由我负责教学大纲的编写，即"四校四导师"实验教学模式。架构是选择国内知名大学学科带头人搭建课题组，邀请知名建筑设计学科带头人、环境设计学科带头人、风景园林设计学科带头人、知名设计企业中的学者型高管，共同探索实践教学。选择国内外建筑与艺术院校及工科高校学科带头人，选择带头人名下的本科应届优秀学生，尝试在不同类型课题项目中制定统一教学计划，创立名校、名企、名人合作实验教学模式。课题分四个阶段进行教学，要求课题院校在规定的计划教学时间内，严格执行教学要求，完成本科毕业生实践教学课题指导计划。经费由知名企业和公益基金机构捐助，经得起八年验证的实践教学，为中国高等院校设计专业提供出可鉴的案例。自我评估如下：

特点

　　真情邀请兄弟院校和社会有影响力的知名企业、知名设计师共同组成实践导师教学团队，提倡由名企和社会实践导师出题、责任教授协调，共同指导的教学理念与方法，倡导学生在导师组共同指导下，正确判断各位导师发出的信息，要学会梳理并独立完成设计作品。

创新

　　提倡校际间自由组合，鼓励参加课题院校学生共同选题，建立无界限交叉指导下的本科毕业生指导原则。探索培养从知识型人才入手、紧密与社会实践相结合的多维教学模式，打造三位一体的导师团队，即责任导师、名企导师、青年教师的实验教学指导团队。

中央美术学院副院长苏新平教授为获奖责任导师颁奖

培养

人生求学路途上首先要学会跃障碍，建立自我更新良好的学理化基础，培养学生看问题要从宏观出发，微观不空格。用一生的学习与实践去完善建立审美，修养是需要理性价值观念维护，激励师生成为不断更新的探索者，用科学而辛勤的努力、坚定不移的态度去热爱自己所从事的专业，才能做到客观上的人才培养。

## 一、维度转换下的实践探索

知晓教学大纲这个专业名词的人，肯定是接受过高等教育者。它是教育法规框架内办学的执行原则，人人皆知。国家教育管理机构评估专业教学最重要的环节是评估教学大纲，目的在于通过教学大纲内容审查教育法框架下的执行和规范力度，确保专业教学定位是评价办学条件、师资结构合理、培养学生的可靠保证。办教育离不开理性与科学，教学大纲是验证教学综合管理的试金石，实践教学是填补教学大纲不足的辅助可鉴案例。现今如何认识实践教学的价值，将成为检验高等院校办学能力和教学能力的标准。

设计证明正确认识师资与学苗是实践教学的价值保证。从近30年的从教中发现，国内美术院校、艺术院校、工科院校中的环境设计师生（环境设计、景观设计、室内设计）基本上有一个共同的问题：既缺乏工学头脑，又缺乏艺术表现力，逻辑思维更是一团糟。毕业到工作岗位上出现很多问题，需要一边半工作状态，一边用大量时间狂补基础知识，其现象值得关注。

国家上半年优化职业资格，1800个职业资格当中，室内设计师、景观设计师被删减了。深思，在追求法规提倡智慧健康设计的当下，国家为什么将"营养师"从业资格归在取消的名单中？归类、冷静思考，环境设计教育的综合现实，将会得出答案。因为营养师既不是专业医生，为何又要做与人命相关的健康工作？工作内容更是锁不定行业管理规范，所以监察机构评定结果是取消"营养师"职业资格许可。

环境设计专业与景观设计专业的职业资格认定也是有问题的。从专业学科培养人才分析，其专业知识结构中既有工科的一半，也有文科的一半，尴尬的是又不属于艺术，难以锁定。深入一步从教学大纲中可以见其一斑。近30年来国内高校教学实践证明，环境设计培养出来的学生，特别是毕业后在社会工作岗位上的表现，在专业设

佩奇大学学生在终期答辩现场

计制图表现上如同画画，在建构维度转换理念方面更是一片空白。其结论就是民间常说的："为什么设计图纸与建出来的就是不一样？"同时企业管理者一直在说："高校每年培养那么多环境设计专业学生，怎么找个合格人才就那么难？"理性地究其原因，就会发现问题出在基础知识结构上。再者，学生在校学习期间，对于工学的基础知识接受得太少，甚至拒绝接受，调查显示出学生普遍对工学知识没有兴趣。一些学校在专业课教学上，由于老师个人不能深入浅出地感染学生，不顾学生的承受能力，编排大量的功课，学生无时间和能力消化知识，加上师生比的现实状况，造成学生只能接受知识，一个接一个无间歇地完成专业课作业，带给学生的是没有时间思考消化，更没有时间进行完整的创造构思。一些院校个别专业教师存在授课时讲解深度不够，抓不住重点。对于学生的成绩不佳，教师能力的欠缺，管理者有不可推卸的直接责任，其结果就是给毕业的学生今后发展上带来一连串的职业问题。

4×4实践教学就是要加强填补学生的学习缺欠问题，让学生受益在毕业之前，让更多的年轻教师在教学方法上受益。实践教学强调集中名校学科带头人，联合设计研究机构知名设计师，在行业协会的牵头下进行有序探索。了解行业设计发展动态是高等院校教师培养学生综合能力的基础，掌握专业设计标准和法规，教学才能建立在学理化、规范化的平台上。为此课题要求学生设计作品要做到系统性、规范性、完整性，严格要求图示表达，理解CAD，正确表达平面图、立面图、剖面图，比例尺度要一致，培养自己空间维度转换能力。因为设计表达是完整的审美价值观，要求安全、科学、技术、艺术相结合，要求正确理解相关法规，图示表现不能有死角，所以综合能力很重要。从第一届实践教学至第八届4×4（四校四导师）实验教学，课题从公益出发，始终坚持开放思维和探索，回顾一路走来得到了课题院校和行业协会以及知名企业的大力支持。特别是2015年深圳创想基金会冠名并捐助全额费用，使课题上升到更加有序的发展阶段。本届课题的选择站点更加注重学术性和可操作性，目的是更加接近实际。课题定位既要涵盖建筑环境空间设计的外延，同时也需要丰富其内涵，多角度提升实践教学的学术价值，向建筑与人居环境设计教育水平的科学化迈进，激励更多的国内与国际高等院校设计教育精英团队走向更理性科学的设计教育领域，这就是从第七届开始，参加院校增加到16所院校的原因（表1、表2）。

答辩同学的精彩演讲吸引现场导师专注的目光

中国高等教育（艺术）建筑与环境设计学科教师现况、模型　　表1

| 师资现况动态 | 学科变化与岗位 | 现象与更新 | 与设计教育相关 |
| --- | --- | --- | --- |
| 45岁至50岁以上的教师队伍中，只有百分之六十第一学历是本专业，百分之四十第一学历是非本专业。 | 45岁至50岁以上的教师队伍中，只有百分之六十第一学历是本专业，百分之四十第一学历是非本专业。 | 45岁至50岁以上的教师队伍中，只有百分之六十第一学历是本专业，百分之四十第一学历是非本专业。 | 45岁至50岁以上的教师队伍中，只有百分之六十第一学历是本专业，百分之四十第一学历是非本专业。 |
| 在教学中学习，但缺失学理化逻辑。 | 毕业工作通过观察他人和自学，被动补充职业岗位所需要的知识。 | 交叉决定论，大学教育基础，为现实工作中设下太多的屏障。 | 努力去理解既定的行业规范和准则。 |
| 逐步整合弥补缺失，部分教师经过补强现已达到该学科的教师要求。 | 工作中发现的学科教育短板，集中反映到专业晋级最后形成特定的群体。 | 职场上的尴尬成为后续发展的障碍。 | 不能为设计提供一种整体的观念，突出表现在审美上。 |
| 有步骤地调整与工学、艺术学的融合。 | 调整思维方式，加强相关专业的深入学习。 | 心理反应方面，需要调整自我。 | 建议和设计元素无法控制发散思维。 |
| 行为情境现实状态，部分教师在设计实践上始终存在缺陷。 | 教与学情境激发不出规范动力，行为模式不严谨。 | 操作性条件反射思考不深，交互作用理论不协调。 | 强调设计在情境中的要点，导致某些专业行为乏力。 |
| 在现实设计当中受到挫折，激发职业价值观，更新知识。 | 来源工作环境是唤醒从事专业的信息（刺激），重新修正自我。 | 环境负荷，过载，水平欠佳，失败或能够激发重塑专业的决心。 | 认为设计理论和风格的缺乏导致后续不足，参加专业课题可补充。 |
| 恢复心态，补齐差距在部分教师中已成为必须丰富自我，站稳讲台。 | 有意识恶补，心脑疲劳过度的反应直接引起对综合专业知识学习，计划学习恢复学理化。 | 缺陷也可能成为动力，恢复性经历需要坚韧的毅力。 | 计划性地补充工学理论、艺术学理论，努力实践是完善自我、成为有用之才的佳径。 |

2016创基金4×4四校四建筑与人居环境"美丽乡村设计"课题学生名单　　表2

| 计划内 | | | | | 计划外 | | | | |
|---|---|---|---|---|---|---|---|---|---|
| 学生姓名 | 性别 | 学号 | 院校 | 序号 | 学生姓名 | 性别 | 学号 | 院校 | 序号 |
| 张秋雨 | 女 | 131105363 | 中央美术学院 | 1 | 赵丽颖 | 女 | 1211130274 | 天津美术学院 | 1 |
| 石彤 | 男 | 131105351 | 中央美术学院 | 2 | 徐蓉 | 女 | 1211130274 | 天津美术学院 | 2 |
| 胡天宇 | 男 | 131105393 | 中央美术学院 | 3 | 郝春艳 | 女 | 1211130274 | 天津美术学院 | 3 |
| 尹苹 | 女 | 2012013206 | 清华美术学院 | 4 | 董素彤 | 女 | 1211130274 | 苏州大学 | 4 |
| 吴硕 | 男 | 2012013211 | 清华美术学院 | 5 | 张浩 | 男 | 1241401010 | 苏州大学 | 5 |
| 王昌岐 | 男 | 2012013210 | 清华美术学院 | 6 | 冯小燕 | 女 | 201430189002 | 湖南师范大学 | 6 |
| 张春惠 | 女 | 1211130268 | 天津美术学院 | 7 | 刘浩然 | 男 | 201570170773 | 湖南师范大学 | 7 |
| 刘然 | 男 | 1211130116 | 天津美术学院 | 8 | 王巍巍 | 男 | 201430188012 | 湖南师范大学 | 8 |
| 李书娇/研 | 女 | 1512011113 | 天津美术学院 | 9 | 崔运民 | 男 | 201207020116 | 山东师范大学 | 9 |
| 鲁天娇 | 女 | 1241401094 | 苏州大学 | 10 | 朱相翰 | 男 | 201207020235 | 山东师范大学 | 10 |
| 闫婧宇 | 女 | 1241401074 | 苏州大学 | 11 | 李振超 | 男 | 201207020244 | 山东师范大学 | 11 |
| 杨小晗/研 | 女 | 20134241011 | 苏州大学 | 12 | 董侃侃 | 女 | 201210088 | 青岛理工大学 | 12 |
| 罗妮 | 女 | 2012180827 | 湖南师范大学 | 13 | 檀燕兰 | 女 | 1241102063 | 广西艺术学院 | 13 |
| 王艺静 | 女 | 201430188017 | 湖南师范大学 | 14 | 韦佩琳 | 女 | 1241102062 | 广西艺术学院 | 14 |
| 殷子健/研 | 男 | 201570170757 | 湖南师范大学 | 15 | 王磊 | 男 | 1241102071 | 广西艺术学院 | 15 |
| 李勇 | 男 | 20120611025 | 山东建筑大学 | 16 | 牛丹彤 | 女 | 20125000676 | 西安美术学院 | 16 |
| 赵忠波 | 男 | 20120611129 | 山东建筑大学 | 17 | 赵若涵 | 女 | 20125000009 | 西安美术学院 | 17 |
| 李一/研 | 男 | 2013065103 | 山东建筑大学 | 18 | 陈俊鑫 | 男 | 130410315 | 耿丹学院 | 18 |
| 于涵冰 | 女 | 201207020105 | 山东建筑大学 | 19 | 魏来 | 男 | 130410529 | 耿丹学院 | 19 |
| 周蕾 | 女 | 201207020106 | 山东建筑大学 | 20 | 殷然 | 男 | 130410134 | 耿丹学院 | 20 |
| 尚宪福/研 | 男 | 2013020561 | 山东建筑大学 | 21 | 周姚辉 | 男 | 130410437 | 耿丹学院 | 21 |
| 申晓雪 | 女 | 312409319* | 吉林艺术学院 | 22 | 陈建男 | 男 | 110401102 | 耿丹学院 | 22 |
| 刘善炯 | 男 | 312409012# | 吉林艺术学院 | 23 | | | | | |
| 葛鹏 | 男 | 312409090# | 吉林艺术学院 | 24 | | | | | |
| 胡娜 | 女 | 201210009 | 青岛理工大学 | 25 | | | | | |
| 李俊 | 男 | 201210093 | 青岛理工大学 | 26 | | | | | |
| 王雨昕/研 | 女 | 153085237281 | 青岛理工大学 | 27 | 李雪松 | 男 | 1241102009 | 广西艺术学院 | 37 |
| 张婧 | 女 | 2012210961 | 四川美术学院 | 28 | 谈博/研 | 男 | 20131413356 | 广西艺术学院 | 38 |
| 李艳 | 女 | 2012210972 | 四川美术学院 | 29 | 刘丽宇 | 女 | 1907120322 | 中南大学 | 39 |
| 梁轩/研 | 男 | 2013110079 | 四川美术学院 | 30 | 陈豆 | 女 | 1907120629 | 中南大学 | 40 |
| 程璐 | 女 | 1210751123 | 湖北工业大学 | 31 | 赵晓婉/研 | 女 | 141311072 | 中南大学 | 41 |
| 成喆 | 女 | 121731328 | 湖北工业大学 | 32 | 杜心恬 | 女 | 20125000682 | 西安美术学院 | 42 |
| 黄振凯/研 | 男 | 120140525 | 湖北工业大学 | 33 | 赵胜利 | 男 | 20125000608 | 西安美术学院 | 43 |
| 张瑞 | 男 | 080712122 | 吉林建筑大学 | 34 | Lilla Kasztner | 女 | | 佩奇大学 | 44 |
| 蔡勇超 | 男 | 080212245 | 吉林建筑大学 | 35 | András Nagy | 男 | | 佩奇大学 | 45 |
| 王衍融 | 女 | 1241102054 | 广西艺术学院 | 36 | BrigittaSinkovics | 女 | | 佩奇大学 | 46 |

## 二、培养具有研究能力的学者型设计师

八年实践教学奠定了对设计教育思考的习惯,到底什么样水平的学生才是合格人才?现状表明随着国家建设业有序的稳步调整,摆在高等教育设计多学科面前的现实是:面临社会研究机构不断涌现出来的研究群体和动脑子勤思考的人群数量的增加,将越来越构成对现行体系下教师结构的冲击,显现潮流和信息对于敏感的教师预感体系已经释放出一个信号"更新自我",对接时代。

今年7月参加行业协会换届大会,从主题是中国建设业现状的当下出发到发展的方向开场。主题发言人对于国家政策解读到企业的制高点,理论性相比过去的30年已发生渐变,从中感受到在建设业的研究领域里,高等院校独霸的时代已悄然发生变化。明显表现出很多企业经过多年的积累和不断招收高端技术人才,聘任国内外名牌大学归国的优秀专业人才,在企业经过实践锻炼已成为符合当下的综合性超强的群体。这部分人在行业的实践中已经显示出具有研究能力风采,为行业填补了空缺。比如,在中国建筑装饰百强企业和中国建筑装饰设计50强企业中,出现了很多具有研究潜能学者型人才,他们对企业文化发展起着非常重大的作用。实验教学课题必须发掘这些人才,为培养具有研究能力的学者型设计师奠定基础,课题组理性聘请学者型设计师并纳入联合体教学框架内发挥他们更大价值。

目前中国高等教育环境设计教育方向虽然已经积累了一定实战经验,但是要想真正走出亚洲、走向世界,没有综合设计理论体系是不可能支撑的,高品质学理化创新需要综合能力的教师,实践证明教师没有强大理论支撑,设计实践将出现"爆米花"现象,只能给大家带来一瞬间的视觉快感。随着中国大众审美水平和文化水平的进一步提高,关注的目标不再仅仅是视觉上的感觉,人们开始更多关注从内而外地去表现作品内涵。所以说,现在的设计理论需要升级,向中国智能靠近。加大研究能力版块,需要更多知名企业高素质的设计骨干,向具有研究能力的高素质设计专家型平台迈进,目标是结束设计师的文盲时代。为此八年来课题在中国建筑装饰协会设计委员会的牵头下,把握方向搭建出让更多具有研究能力的院校与设计师共享平台,形成新理论价值体系,创造出更具内涵的实验教学课题案例,这就是全体课题组教师培养具有研究能力学者型设计师的价值观。

获奖学生在中央美术学院美术馆学术报告厅领奖

对于第八届4×4实验教学，全体教师要站在国际视野上，带领学生相互鼓励探索新路，同时也夯实国内高等院校实践教学基础，完成有序升级到培养具有研究能力的4×4实验教学课题创建品牌，结束高等院校实践教学没有特色的评价。吸引越来越多的企业积极参加，将环境设计专业真正融入中国整个高等教育产业大导链之中。有理由相信实践教学培养出来的学生，在不远的将来会成为真正有话语权的、有文化的、具有创新和创造能力的学者型设计人才。

目前高等院校由于种种管理原因显现出教师知识单一化，指导学生薄片化不立体，表现在招聘人才和选择教师方式依然如旧，留下了诸多的预埋件，一旦进入体制内多数教师没有设定计划意识，大多数学校年终自然考评固守旧模式，教师填表交差了事，领导无奈地打钩放行。国家几年前已发现高校的问题，所以要求高校注重"知识与实践双型人才的培养"，目的是提高大学教师群体质量。可如今又有多少学校能够真正理解。现想提醒主管教学领导、学科带头人需要思考当下中国环境设计专业教师群体的培养与发展和对接社会需要的学科建设，客观公正评价究其教育特征，对症下药制定管理规范。加快确定问题出现的原因，精准研究教师职称评定、招生和分配工作问题、师生比、学科建设有序发展的环境。为此理性评估中国高等教育环境设计学科师资现况，客观公正是原则，是纠改问题的出口。建立中国高等学校导师岗位聘任条例，有助于教师和设计教育质量的人才培养，坚信学者型设计师在中国高校今后教育市场将是回答检验的标准。

### 三、迈出探索释放正能量价值

认可交流是当下学者能够释放理性交流的共享平台，才是高等院校教师的基础素质，在不同的角度阐述学术观念，成熟的学者不会在原则上犯糊涂，院校间教师建立在学理性框架下的真诚交流方可称之为"挚友型学者的对话"。高等院校设计教育探讨绝不是美容店里的行活，更不应该极力追求表面上美饰图层"面油或美容霜"，坚信内在的条件是决定事物成功与否的一扇窗。为此认可联合探索研究的前提是建立共同价值观，释放出正能量价值，唯物主义认可事物最终都将产生结果。理性看待做到与做不到都是有因果的，建立探讨是研究者的态度，合作不是搭台子、圈场子、无休止的争吵。相信自毁只能误事，其结果是落入无价值的相互消费中，陷入彼此自残的境地。

文明不是显示器，一目了然。文明是发展过程中不断更新的顶层价值，在人类每一段的辉煌历史长河中，记载了许多优秀可鉴的案例，为探索研究奠定了坚实基础，相信释放价值将成为今天继续发展的财富源。保持清晰头脑需开动并加大对自我专业学科的甄别能力。教会学生为什么不要忘记历史，因为历史是具有显示器的价值和词典作用，客观地看和可鉴地梳理将为研究开启一扇透光窗，知晓后提取精华即可用其实践，坚定的核心价值在于理性思考后的有序行动。建立学理化上的研究有助于不断升级研究者的素质，明确重点研究轨迹中缺欠的组成部分，综合能力是加速主线突破的条件，是确保平衡两翼能量释放的着陆安全阀和减震器。为此经常使用自己头脑中的安全软件，才是确保少遇麻烦的利器。客观分析职责，知晓任何探索都需要付出成本，只有成功方能在理性与价值的高铁线上当好合格驾驶员。

学术、教育、产业，服务价值是目前高等教育实践教学提供的专业平台，面对机遇需要群体具有立体的思考和综合的素质。回顾中国急行发展的速度，在三十多年间遗失了很多，特别是无意识而闪过的节点，如今却显现出设计教育缺少了部分细节和具有高品质基础知识，如果阶段性回首自检是对前行动力供给源的常态维护，那么如何建构承重构造柱，将成为确保实现建构体安全荷载的重中之重，肩负教育支点的责任需要多维思考的科学价值观。

实践证明设计者只有不断地发现新视角才能感悟到变化的现实内核，能否掌握维度的转换对于教师如同真实战场上的演变、应变能力，拼搏也需要宏观智慧。优秀设计者的创造是智慧作品，彰显更大的智慧还需要超级能量与日常的精心备份。

相信中国设计教育的表面视觉戏码即将结束，接替换代的是理性与科学的发展观，具有综合的审美能力，知与识的双轮将搭载着古今文化优良案例，借用科学动力源在中国高等教育环境设计和建筑设计的学科轨迹上，智慧教师群体将进行无畏探索，为的是跟上时代，掌握自我更替内存的核心方法，为中国高质量教育时代提速，高素质是实现价值探索群体基础，在现实面前遭遇到的将是"不换思想就等换人"的挑战。

### 四、可喜的成果与理性认识差距

"四校四导师"实践教学走过八个春夏秋冬，几年来参加院校累计投入教师人数：教授20人、副教授25人、讲师10人。培养合格学生总数436人。实践导师团队投入了中国优秀企业高管和设计院长为18人。在各自院校主管教学领导的大力支持下，在中国建筑装饰协会鼎力支持下成功地完成了课题教学大纲，为企业和用人单位输送了大量优秀人才，得到了业界的全面肯定，深圳创想基金的两年捐助就是答案。

总结八年实践教学经历，正确认识课题院校师资队伍，有助于了解课题院校教师的教育背景，更有利于研究"四校四导师"实验教学课题。课题院校承认相互间存在的差距是教学能够继续的价值，其目的是为了真实地提高实验教学的质量。回顾八年里来自不同院校师生之间的相互交流，有相同的欢乐，也有共同的不足，同时也存在教师资源的共同的问题，对症下药是课题组不断修正教学的共勉基础，发现问题、解决问题是课题组存在的价值。以下归纳出问题九点：

（1）各院校导师由于第一学历基本上都是艺术院校或者是来自综合大学环境设计专业毕业的，所以在工学知识方面和建造技术知识方面都存在明显不足；

（2）辅导中指导教师普遍显现出，面对指导有建筑设计方案的学生时，暴露出学科技术不足的现象，大部分教师存在对于专业结构力学原理与工学知识欠缺；

（3）反应在解读课题任务书的问题上更是问题多多，CAD表现方面部分导师甚至与学生一起抵抗规范，无视规划条件，自由发挥如同画家在画画；

（4）学生基本上是室内设计和景观设计专业出身，在建筑设计基础方面比较薄弱，由于不理解设计要求，无视设计任务书，尽情地按自己理想的总图位置布置总平面图，无视法规。课题进入中期阶段带来很多问题，甚至还有学生半途退出课题；

（5）学生在进行设计方案前没有做好准备工作，出现不理解中国《建筑设计资料集》中关于专业设计所涉及的设计基础条件，为此在功能分区设定与答辩时讲解偏离主题；

（6）百分之七十的同学设计表现如梦中的"无限想象"。实践教学课题今年进行的是有条件选择主题设计，出现的最突出问题是，不理解设计任务书，这种现象在课题进入第三阶段的时候，无序自由发挥才得到纠正。

（7）学生普遍存在前期调研分析过度，设计概念产生得太牵强，出现学生在效果图表现方面只注重表面效果，而忽视构造体设计的表现，部分教师也不能做到精准指导；

（8）学生普遍存在CAD表现不到位，平面图基本上是由模型导出来的，轴线对不上，剖面和标高不对位，构造不清晰，比例失调等；

（9）部分导师指导学生普遍存在设计逻辑模糊，综合反映出环境设计学科的师生普遍存在的问题，特别是美术院校学生也存在审美表达方法上更有待于提高。

2016创基金4×4"四校四导师"实践教学课题院校师生背景　　　　表3

| 序号 | 院校 | 归属 | 教师背景 | 学生背景 |
| --- | --- | --- | --- | --- |
| 1 | 中央美术学院建筑学院风景园林学科 | 国属学校 | 工学科、文学学位为主 | 工学科学位 |
| 2 | 清华大学美术学院环境设计系 | 国属学校 | 文学学位为主 | 文学科学位 |
| 3 | 天津美术学院环境与建筑设计学院景观设计 | 市属学校 | 文学学位为主 | 文学科学位 |
| 4 | 苏州大学金螳螂建筑与城市环境学院 | 国属学校 | 文学学位为主 | 文学科学位 |
| 5 | 匈牙利佩奇大学建筑工程与信息学院 | 国立学校 | 工学科、文学学位为主 | 工学科学位 |
| 6 | 四川美术学院环境设计系 | 市属学校 | 文学学位为主 | 文学科学位 |
| 7 | 山东师范大学美术学院环境设计系 | 省属学校 | 文学学位为主 | 文学科学位 |
| 8 | 山东建筑大学 | 省属学校 | 文学学位为主 | 文学科学位 |
| 9 | 吉林建筑大学 | 省属学校 | 文学学位为主 | 文学科学位 |
| 10 | 青岛理工大学艺术学院环境设计系 | 市属学校 | 文学学位为主 | 文学科学位 |
| 11 | 广西艺术学院艺术设计学院环境设计系 | 省属学校 | 文学学位为主 | 文学科学位 |
| 12 | 西安美术学院 | 省属学校 | 文学学位为主 | 文学科学位 |
| 13 | 中南大学 | 国属学校 | 文学学位为主 | 文学科学位 |
| 14 | 湖南师范大学 | 省属学校 | 文学学位为主 | 文学科学位 |
| 15 | 湖北工业大学 | 省属学校 | 文学学位为主 | 文学科学位 |
| 16 | 吉林艺术学院 | 省属学校 | 文学学位为主 | 文学科学位 |

注：课题组院校排列不分先后。

归纳以上教学问题，出现的原因说明"四校四导师"实践教学课题并不成熟，需要严谨的教学要求和管理。因为今年对于学生设计课题提出了部分条件限定，所以给艺术院校背景的学生带来了困难。实践要求环境设计学科必须要掌握工学科的一般基础，才能够进入分段设计过程，课题才能够更加接近实际工作。"四校四导师"实践教学课题目的是改变过去导师选一块无条件的用地，让学生自由发挥畅想设计，设计作品成果不着边际，导师无法控制最终成果的教学模式，造成学生毕业踏进企业工作后一切都要重新开始。

相信提高环境设计教育的质量，首先需要优化中国高等院校设计教育师资结构向立体化发展。

## 五、离不开中国建筑装饰协会与深圳创想基金会

担任中国建筑装饰协会设计委员会主任已经八年，在多个场所以设计委主任的身份向媒体、院校、行业内介绍由协会牵头，校企合作课题创造中国环境设计教育新的案例。课题在中国建筑装饰协会的带领下，全国高等院校环境设计学科将走出更加稳重而具有挑战的探索之路。课题组携起手走过第八个春秋，只因为课题组建设相信中国设计教育发展定会走向更加美好明天，这就是八年来导师放弃休息节假日，用心与课题院校师生沟通交流，努力工作的理由。回忆几年来课题组走过了几十座城市和大学校园。每一次开题时的介绍，通过眼前滚动的过程照片，感受到教学成果是导师一步一步积累起来的，相信回顾情景能够感动嘉宾和同学，我常对学生们说："你们的努力就是我们课题组全体教师的加油站"。

实践教学课题起源于八年前，在我与张月教授、彭军教授的共同努力下，奠定了"四校四导师"实验教学公益教学活动的基础。课题集中国名校的建筑与景观学科带头人，以教授治学的理念开展教学探索。课题先后投入60多名教授，培养出四百多位学生。2015年有7名本科生通过课题组考评，留学匈牙利（国立）佩奇大学，攻读硕士学位，4名青年教师攻读博士学位；今年又有5名参加课题的优秀学生进入匈牙利（国立）佩奇大学攻读硕士学位，同时也有一批学生进入中国建筑装饰行业50强企业就职工作。几年累计通过课题取得优秀成绩已达到30名学生以上。今年参加课题的院校是十六所中外高等学校，资源和机遇对于每一位学生的意义是影响久远的（表4）。

我刻意将每一年开题介绍课题文件背景音乐选择为美国电影主题曲《燃情岁月》，因为主题曲是非常励志和向上的，希望能激励全体成员。回忆实验教学八年过程，指导教师们逐渐老了，学生们都有了好的归宿，逐渐在变强成为国家的栋梁，这就是全体课题组导师的心愿。指导教师真情地说："自己坚持了八年公益教学，看到成果自己感动。"八年里导师们放弃无数个周末和节假日及休息时间，用爱心教学生，在中国建筑装饰协会的牵头下取得的是打破壁垒的成果。感动之中忘不了中国建筑装饰协会，忘不了深圳创想基金会的支持，课题组的成果离不开两个组织的鼎力支持。

## 六、实验教学在实践中

锁定目标精准定位探讨教学是智慧中国的起点。寻找目标有序探讨已成为当下中国高等教育教学机构的靶心。八年的坚持，在成果面前、在行业协会面前、在院校中产生了影响力，奠定了课题品牌的基础。定位与实践过程已引起国内的院校、国际的院校，以及企业单位的肯定。"四校四导师"课题始终强调"创新的价值在于实践"。教学特色引发课题院校师生释放出多年的创意构想，释放出几代年轻教师的不能抒发的情感来"打破壁垒"，当然探索过程中全体教师也付出了高昂的学费"自我更新"。中华民族是好客的国家，但在前进的路途中"是没有多余时间"的，为此锁定主题科学探讨是课题组的教学理念。开放是国家的胸怀，学习探索是学子未来目标，现在中国已是向世界开放交流的大舞台，大幕一开表演者走出来，无论是表演教育、表演设计与艺术、表演科学技术，热闹之余必须制定出可控的表演底线，实验教学和实践之中切记"失去自我民族文化基础，就等于失去交流平台"，换句话说"从此没人把你当回事"。

大国，开放交流需要高品质平台，近几年在中国城市中可以看到世界最优秀建筑师的作品，足以证明华夏大地的胸怀和学习进取精神。虽然中国在环境保护与城市发展方面还要走很长的路，有一大批头脑清醒的学者认识到，中国已进入科学与智慧创造的发展轨道，需要大批具有高等学术能力的学者，国民素质决定国家的健康发展。

回顾近几年与国外专家学者的交流，听取他们的演讲和阅读其设计作品中，部分学者也存在理念和逻辑推理方面绕弯子，甚至在设计的学理化观念上、表达深度上不够清晰到位，也许世界上各国都缺少"具有理论研究能力的专家学者"。发现问题就要寻找解决的方法，"四校四导师"实验教学课题下一步的重点目标将放在培养具有研究能力的设计人才上，在高校培养出更多具有理论研究能力的一线设计师，同时加强对年轻教师的培养，坚持

2008年至2016年"四校四导师"实践教学课题院校师生一览表　　　　　表4

| 序号 | 课题院校 | 教师累积人数 | 学生累积人数 |
|---|---|---|---|
| 1 | 中央美术学院建筑学院 | 教授1副教授3 | 58人 |
| 2 | 清华大学美术学院环境艺术设计系 | 教授1副教授3 | 53人 |
| 3 | 天津美术学院环境设计专业 | 教授1副教授3 | 58人 |
| 4 | 四川美术学院 | 教授1副教授2 | 6人 |
| 5 | 广西艺术学院 | 副教授1讲师2 | 8人 |
| 6 | 吉林艺术学院 | 副教授1讲师3 | 33人 |
| 7 | 哈尔滨工业大学建筑学院景观设计系 | 教授1讲师2 | 20人 |
| 8 | 同济大学建筑学院 | 副教授1 | 10人 |
| 9 | 沈阳建筑大学 | 教授2讲师1 | 6人 |
| 10 | 吉林建筑大学 | 教授1副教授2 | 5人 |
| 11 | 北京建筑大学 | 教授1副教授1 | 10人 |
| 12 | 山东建筑大学 | 教授1副教授2 | 9人 |
| 13 | 苏州大学 | 教授2副教授2 | 33人 |
| 14 | 山东师范大学 | 教授1讲师2 | 31人 |
| 15 | 东北师范大学 | 教授1副教授2 | 36人 |
| 16 | 青岛理工大学 | 教授1副教授1 | 33人 |
| 17 | 内蒙古科技大学 | 副教授1讲师2 | 28人 |
| 18 | 北方工业大学 | 教授1副教授2 | 10人 |
| 19 | 匈牙利佩奇大学 | 教授1副教授2 | 11人 |
| 20 | 美国丹佛大都会州立大学 | 副教授1 | 2人 |
| 21 | 西安美术学院 | 教授1副教授2 | 3人 |
| 22 | 中南大学 | 教授1副教授2 | 3人 |
| 23 | 湖南师范大学 | 教授1副教授2 | 3人 |
| 24 | 湖北工业大学 | 教授1副教授2 | 3人 |

注：1．八年投入教授25人、副教授33人、讲师10人，累计培养学生总数472人。
　　2．实践导师团队投入企业高管和设计院长为18人，基金会一家。

教育是为国家培养人才道路，因为国家更需要这方面的人才。

  清醒的"伯乐"细心地分析客观面对高等教育的现实，业界不否认付出的成本，但可也不能拿自己的"有限资源进行实验性探索"。物质丰富需要科学的产能，精神平等需要强大物质文明做基础。解决这一问题只有加大投入高等教育质量，提高国民素质，培养具有综合研究能力的学者型设计师，迎接各种挑战。实践就是开放，开放要有开放的范儿，面对美好风景也要客观地评价其品质。时下在城市设计作品中，中外学者更多的是考虑注重与环境保护的相关数据，防止在形态的表现上单一化。交流更多的借鉴价值，40年前被西方封锁那么多年，在创新方面呈现"自己出题自己答"的阶段，正确理解被封锁在圈里和圈外含义是提高的出入口，用智慧把标高一提，一切就全齐了。客观辩证理性深思其与发达国家差距，不难得出结论，当然业界同仁承认与西方有着差距，这就是强调培养具有研究能力设计师的动力，人才综合素质的源头问题，就是高等教育实验教学的研究问题。

  素质教育要从小抓起，审美需要长期培养，表面的文明是表象，内在能力是长期努力积累的，零存整取是修正外部表象的基础。对于导师强调素质是指具有科学计划的头脑，综合的专业能力和敏感的判断力是鉴别教师的标准，这需要高等院校教育法不断地修改和丰富。要求教师必须具有良好的专业基础和掌握设计规范体系下的专业知识结构表达能力，有了这样的基础就可以站在设计教育的讲台上，传达出正确方法，让受教育者得到更大的能量。在八年的实验教学课题中，课题组始终坚持院校之间的合作教学模式，以点带面的可行性原则，建立无障碍的原则，探索高等院校设计教育的核心价值，培养打破壁垒共同成长的教学理念。经过八年的努力全体教师为设计教育提供了可鉴案例，这些财富成果将成为全体教师探索实验教学平台上的驱动器。

  因为实验教学课题不是院校间比赛，所以共同进步、相互搀扶、共享成果是坚定实验教学继续前进的法宝。课题组提出以责任教授为探索资源，其核心价值就是"责任"二字，用实践教学中实践的价值观影响更多的学生，责任导师坚持以发展开放的心态带领并培养中青年教师，不断探索学理化教学模式，时刻牢记教师的使命感，相信"四校四导师"实验教学课题在实践教学中的价值，相信实践教学受重群体将忘不掉探索中国高等教育的伯乐群体"四校四导师"。

于北京方恒国际中心工作室
2016年8月5日

# 思考环境设计教学
The Thinking of the teaching to the Environmental Design

清华大学美术学院　张月教授　匈牙利（国立）佩奇大学客座教授
Tsinghua University, Academy of Arts & Design, Prof. Zhang Yue

摘要：中国的环境艺术设计专业教学，经历了初创、爆发式增长和现在的调整转变三个阶段，在面对未来社会发展变革的时间点上，在教学的方式和理念上都需要有新的思考和变革，文中提出了教育路径与背景的多元性、人才教育成长发展的持续性、专业教育的跨界与融合、差异化的教学模式、研究型教学的去等级化、关注前沿技术和市场的发展等多个值得思考的问题。

关键词：环境艺术设计，教学模式，多元性，持续教育，跨界

Abstract: China of environment art design professional teaching, experience has start-up, and outbreak type growth and now of adjustment change three a stage, in face future social development change of time points Shang, in teaching of way and concept Shang are need has new of thinking and change, paper in the proposed has education path and background of multiple sex, and talent education growth development of continued sex, and professional education of across territories and fusion, and differences of of teaching mode, and research type teaching of to grade of, and concern frontier technology and market of development, multiple worth.

Key words: Environmental art design, teaching mode, pluralism, continuous education, crossover

## 一、中国环境艺术设计走过的三个阶段

中国的环境设计教育已经走过了近60年的路程，这其中除了人所共知的中间断代10年，可以分为三个阶段。

### 1. 初创阶段

第一阶段是以中央工艺美术学院为代表的计划经济时代的一枝独秀，由于特定历史时期的特点，它的学科定位、人才培养，以及专业发展基本代表了那一时期的国家层面的专业面貌。尽管其师资有丰富的教育背景，但限于当时国家的政治、经济及文化大环境，以及行业发展空间的局限性（他只服务于少数国家层面的项目），他的学术及教学体系相对单一、稳定，因为没有外部比较和竞争，也就无从谈起其优劣好坏。

### 2. 改革与高速发展阶段

第二个阶段是改革开放以后的20世纪80年代后期为始，观念的改变、经济的发展、社会需求的增长，使中国的环境艺术设计走入了一个30年的高速发展时期，也因为这个社会及行业的发展变化，使专业教育呈现了爆发式的增长，由原来的一所院校每年几十人，变成了上千所院校的每年几万人甚至十几万人的教育规模。如果仅从字面上看，我们这些年环境艺术设计专业教育的发展成就及对行业和社会所做出的发展贡献是巨大的。为社会和行业及时提供了大批急需的专业人才。但它与此同时也呈现出了中国高速发展中各类行业出现的通病，粗放式的发展、教育质量参差不齐、专业学术发展理念不清、教学体系单一，而且缺少综合系统的现代设计学术体系的支撑。为了短期利益，很多根本不具备教学条件的院校也盲目设立发展，甚至是医学院、农学院也设立。常常出现招生上千人，教师十几人的状况。使真正进入这个行业的人才良莠不齐。从我们最近做的一个行业资格认定考核所积累的数据来看，在某些领域从业人员具有本专业本科教育背景的还不到10%，绝大部分是其他专业教育背景的，而且很多只有专科教育的背景。这种现象提示了两种可能，一种是由于就业环境、专业成长空间与个体利益回报等多种原因的作用，大部分的受过正规专业教育的人才并没有进入环境设计专业而是流向了其他或者相关行业，另一种可能就是由于中国整个环境艺术设计产业的产业定位还相对停留在以装饰为主导的底端，技术与艺术的专业学术水平相对较低，降低了整个行业的准入门槛。这从一个侧面反证了中国的环境设计专业人员素质急需要提升。

3. 转变与调整阶段

进入21世纪以来，中国的社会与国际社会的融合更多，无论是行业的发展还是专业教育与国际的交流越来越多，使专业教育的发展走入了第三个阶段，一方面大量的国际化教学资源引入国内，随之引入了国际先进的或不同的教学理念，另一方面，大量的学子出国留学，直接接受欧美先发国家的设计专业教育。这一进一出的直接交流弥合了原本存在的差距。使中国的专业教育更加接近国际设计教育的脉络与脚步。但因文化的差异，中国的设计始终或多或少的游离于当代设计理念之外，外在形似与所谓的时尚追随多于内在技术的发展和价值观念的思考。这种想象滞后了中国环境设计与国际专业发展同步的脚步。设计品质的提升步履维艰，尤其是2015年以来中国经济的放缓，市场的冲击，使设计市场的压缩，带来了设计品质的竞争加剧，使原有粗放式的发展模式难以为继。对设计专业提出新的发展要求。内有人才市场需求放缓的，外有更开放的国际先进大牌设计机构的竞争，如何在保持对中国文化的独特理解优势的基础上，保持专业的发展与成长，引领中国设计走向未来，是当下的核心问题。而环境设计专业的教育理念决定了未来专业人才的竞争力，对未来的中国设计的成长举足轻重。

## 二、未来环境艺术设计专业教学的走向与发展

仔细分析中国环境设计教学现存的状态，其存在并需探讨的问题主要有两个层面，一个是宏观上的学科教育定位，另一个是教学方法与模式问题。前者决定了未来环境设计学科专业教育的发展方向，后者决定了人才培养方向的可实施与品质。

环境设计专业教育面临的调整与发展的问题很多，但以下的几个可能是比较突出和重要的问题。一是教育路径与背景的多元性；二是教育为人才成长发展的持续性提供可能；三是专业教育的跨界与融合；四是面对市场的不同需求、差异化的教学模式应对人才的细分市场；五是研究型教学的去等级化、关注研究的差异化；六是关注前沿技术的发展。

1. 教育路径与背景的多元性

前述对中国设计人才教育背景的调研除了反映出行业发展本身的现象，也对环境设计专业教育的发展定位提出了一些值得思考的问题，环境设计专业人才成长的路径明显地出现各种趋势，尽管作为国家统一管理的高等专业教学模式变化不大，但各类的社会及民间资源以多样的方式提供了丰富的职业发展路径。由过去单一的国家公办唯一的专业人才出口，演变成多元化的专业教育。民营教育机构、企业、专业媒体、境外教育机构，各自定位于各自的诉求，并通过各种平台为专业学子提供了多样的教学资源，其实现在传统高校的教学过程中也是通过各种方式引入了更多开放多元的教育资源。开放性，自由与多元的教学成才模式与传统高校集合或并行，为我们提供了更多丰富的专业成长可能性。

2. 人才教育成长发展的持续性

随着技术的发展，社会知识的更新速度与技术演变的速度都明显变快，希望通过一次性一劳永逸的专业教育解决所有问题已成为不可能，不断出现的新的社会发展观念、新的技术应用可能性，都会深刻地影响未来的环境设计。设计师的知识不可能是一劳永逸，在其职业生涯中，不断持续地通过各种方式获得新的技能、发现新的视角、掌握新的技术可能性是未来设计师专业活动的常态，因此未来的专业教育也应该是个终身教育、持续教育，高校的教学应该是这一专业教育链条上的一部分，并且也应该有意识地以自己的资源参与构建持续的终身化的专业教育体系。

3. 专业教育的跨界与融合

从前述设计师专业成长背景可看出，丰富多样的跨学科背景是环境设计师的存在状态，很多知名的设计大师也并非是原本的专业。如安藤忠雄、诺曼·福斯特等，反而恰恰是他们跨界的状态成就了他们自身的专业学术特色。另一方面随着人类各类高新科技的发展，如信息技术、媒体技术、智能化技术、3D打印技术等越来越多地融入环境设计中来，使环境设计专业的人才需要更广阔的视野和更综合性跨学科的思考，因此跨界的教学平台，学科的融合教学体系、专业界限的交叉与模糊性，成为未来专业教学应该关注和发展的方向。尤其是在综合性大学设置的环境设计专业，更应利用多学科的交叉优势，从其他学科的技术与理念发展反馈本专业，使环境设计专业的发展不只是一种虚无的艺术风格和纯粹空间理论的游戏，而是紧跟时代与科技进步的前沿。

4. 面对市场的不同需求、差异化的教学模式

每个院校专业教育的定位一直是困扰着很多人的问题，是强调研究、注重创意的研究型教育，还是注重技

能、强调职业化应用型的专业教育，市场和教育者都在左右摇摆，由于高教评估体系的单一标准，以及大多数院校并没有成熟独立的教学理念思考与积累，造成了互相模仿的发展同质化，经过时间信息的对流，一流院校如果没有独特的思考与定位，没有突出的学术特点，也会淹没在同质化的海洋中，就像田径比赛，二三流的选手有追赶目标，相对容易进步，而一流选手如果没有独特的发展思路与眼光，很难保持引领和领先。其实环境设计专业的人才市场需求是梯度配置、多元、专业和技能协作性的需求。市场需要的也是差异化的不同人才，没有一个标准化的模式，所以对模式和标准的执着和争议是没有意义的。各个学校根据自身的学术和教育资源优势，可以确立自己独特的专业教学发展定位。

5. 研究型教学的去等级化、关注研究的差异化

对于专业教育的差异化，一方面应该顺应市场与行业需求及自身资源，另一方面也应注意不要把差异等级化，那种认为博士比硕士好、高级，创意与研究型教学高于技能型、职业化教学的观念。其实是混淆了不同教学类型的目标与差异性，例如不同学位的教学尽管相互之间有知识基础的关联和递进关系，但博士、硕士与学士（本科）的培养目标与诉求还是有很大差别的，其应对的需求也并非是级别高下之分，而是或应用，或实践，或理论研究，应该以目标差别来对待，而不应盲目地以等级代替差异。注重需求不同，而非级别的攀比。

6. 设计教育应该关注前沿技术和市场的发展

当代科学技术的发展很快，如互联网、智能化硬件、3D打印，一方面这些技术的采用改变了环境艺术设计行业的很多原有规则和模式，另一方面也因此而催生了很多新的社会业态模式，而这些新的业态模式改变了原有人们对空间环境的使用方式，有些甚至是产生了深刻的变化，如：诚品、co-working、we home等这些新的业态，它们令公众不论是在空间的拥有和归属上发生不同于传统的变化，也在空间和时间的定义上对传统人居环境做了重新定义，它不仅仅是引起商业模式的改变，建筑业经营方式的改变，也可能深远地影响建筑的空间行为模式，行为的改变一定会改变空间模式！传统的CBD、Shopping Mall模式其实是对应大工业初期的集约化社会组织方式，时间、地点、人的确定性是因此决定的。但现在这些可能都变得不重要了，甚至空间的拥有权也会弱化，而重要的是你是否通过恰当的方式找到你需要的资源。这一切可能都是互联网时代空间变革的开始，但我们的传统环境艺术设计教育更多还沉迷于传统职业化的设计教育，对新的市场与技术发展并不敏感，这将无法应对未来市场与技术发展所带来的对行业的挑战。

新的时代，一方面因为行业调整而带来了些许的压力，但另一方面也为我们带来了思考、转型和调整的机遇，这个时期是社会、经济和科技都即将发生巨大变化的时期，我们从行业自身需要做好应对的策略，尤其是作为行业人才智力储备积累的设计专业教育，思考更需走在行业时间的前面。通过理念、方法和眼界的突破创新，给行业的发展带来新的动力。

**参考文献**

[1] 赵军. 对我国高等院校环境艺术设计（方向）教育现状的反思[C]//中国环境艺术设计教育年会组委会，天津美术学院设计艺术学院. 设计与教育——2007中国环境设计教育年会论文集. 北京：中国建筑工业出版社，2007.

# "美"之为何？"丽"之安在？
## 2016（四校四导师）建筑与人居环境"美丽乡村"实验教学课题探究
### Why is It Beautiful and Where is the Beauty?
### Reflections on the Teaching of the 2016 Chuang Foundation · 4&4 Workshop · the Experimental Teaching Project

天津美术学院　彭军教授
Tianjin Academy of Fine Arts, Prof. Peng Jun

摘要：近来，"美丽乡村"一词越来越广泛地进入到我们的视野，作为党中央今后工作的要点，以及城市建设取得的丰硕成果与经验，面对乡村的巨大建设发展潜能，迅速引发设计界的广泛关注。本文通过2016四校四导师——建筑与人居环境"美丽乡村"实验教学活动所引发的感悟，就美丽乡村建设的现状及美丽乡村设计服务主体的探究、旅游开发在美丽乡村建设中的应用原则、乡村资源的保护等方面加以阐述，意在畅所欲言，和同道中人共同探讨美丽乡村建设的根源性问题，希望能为美丽乡村的实现，为乡村更具魅力，略尽一砖一瓦之力。

关键词：美丽乡村，主体，乡村旅游，资源保护

Abstract: Recently, the word "beauty village" has extensively enter our field of view. As the key of the Party central Committee's work as well as the excellent results with experiences on city construction, also facing the great construction and development potential, to inspire the design community's great attention. This article goes though the inspiration on 2016 Four school Four mentor—Construction with Living environment on the academic activities of "beauty village", the current status on village construction, the exploration on "beauty village" design services, the principle use on developing tourism, the protection on village resources and etc to expatiates. The purpose is to speak freely and to discuss the root issues with the our fellow on "beauty village", with the best hope and forces to make it realistic and charming.

Keywords: beautiful village, subject, rural tourism, resources protection

## 序言

"羊大则美，故从大"（源自《康熙字典》）。可以看出"美"是一个会意字，羊在六畜之中是提供肉食的主力，其肉甘甜爽口，食之是极其美好的体验，所以"美"上边是个"羊"，下面是个"大"，后来才逐步引申为凡好皆可谓之为"美"。

"麗（丽），旅行也。鹿之性，见食急则必旅行，从鹿丽声。"（源自《康熙字典》）可见"麗"也是一个会意字，本意指旅行。鹿的特性是，急于寻找食物时，一定会旅行、迁移，所以该字形采用"鹿"作形旁，"丽"作声旁。又能旅行，又有甘美的生态食物，对城市人而言，自然就会纷纷想到乡村，而古人也通过汉字的构成似乎在告诉我们，"美丽"与乡村存在着千丝万缕的关联。2014年"中央一号文件"中，第一次适时地提出了要建设"美丽乡村"的奋斗目标，它是落实我国生态文明建设的重要举措，是在广阔的农村地区建设美丽中国的具体行动。

在当今工业革命4.0时代，在国人对"天人合一"的重新审视之际，在城市化发展的急速进程之中，"美丽乡村"建设绝对不应是局限于成为供城市人观光的"后花园"。它关联着农村的经济民生，农村传统文化的扬弃，人居环境品质的提升，农民归属感的本质回归等方方面面的内容，只有综合考虑诸多因素，才有可能实现人们"望得见山、看得见水、记得住乡愁"的普遍愿景，才能实现农村经济的可持续发展，实现城乡一体化建设，最终使作为美丽中国重要组成的广袤农村地区，不仅美丽，更要富饶、文明。而备受期许，已经连续成功举办8年的"四校四导师"毕业设计联合指导教学活动，也由最初的四校成长为4×4的规模，秉承从不"从打破一种固有的模式而

走向另外一种固有的模式"的愿景，本着不忘"打破藩篱"的初心，面对16所本专业颇具代表性的院校，在本年度"激情碰撞"迸发出的火花中，也从缤彩纷呈的设计作品中，更从16所院校半年来师生们的对课题的深度解读，创造性灵感的相互激发，原始构思的方案性转化，直至落实到设计成果的表现的完整过程之中，作为教学的最终执行者，对本教学课题活动目前可能呈现出的瓶颈，以及未来发展的动向，无时无刻不进行着深刻的思考，在此也抛砖引玉，希望能够借此一窥蹊径，也希望能促进教学改革更加深入。

2016创基金（四校四导师）4×4建筑与人居环境"美丽乡村设计"课题，由中央美术学院、清华大学美术学院、天津美术学院、匈牙利佩奇大学、苏州大学、四川美术学院、山东师范大学、山东建筑大学、吉林建筑大学、吉林艺术学院、青岛理工大学、西安美术学院、中南大学、湖南师范大学、湖北工业大学、广西艺术学院16所高校的环境与建筑专业师生通过一个学期的共同探讨，深深感受着收获的喜悦与乡村未来如何发展的忧心并存，美丽乡村究竟能为乡民带来什么？如何切实实现乡村的美丽宜居？如何避免因此可能带来的不利影响？

一、关于选题

毋庸置疑，毕业设计选题对毕业设计作品的成败，起到了至关重要的作用。因此，选题是否具有可供深入探讨的空间，是否能够有利于培养学生独立分析和综合运用专业知识的能力，是否利于学生解决复杂实际设计问题能力的培养，是否能激发学生的创作激情，是否能代表目前最前沿的研究方向等等都显得异常重要。

本年度以"建筑与人居环境'美丽乡村'实验教学"为课题，毫无疑问，乡村将是今后很长一段时期我国建设的重点与要点，极具深刻研究的理论与现实意义，其中也蕴含了极其丰富的思考内涵。诸如"美丽乡村"建设如何本着继承传统村落文化，发扬民族优秀精神，去实现提升生态环境的结果；"美丽乡村"建设在整体规划方面的方法，如何通过对环境、建筑、路网规划、交往空间、公共设施等的设计实践，使其"美丽"在可持续发展的基础上，得以真正实现；如何使乡村在体现地方特色、风土人情的基础上，创造时代属性，给人们享受自然、回归自然的现代生活体验。

2016创基金（四校四导师）4×4建筑与人居环境"美丽乡村设计"课题，分别以"湖南省郴州市苏仙区栖凤渡镇岗脚村"、"河北省石家庄市谷家峪村"、"河北省承德市兴隆县长河套村"、"浙江省湖州市安吉县剑山村"为题，既保证了课题研究的统一方向，又实现了课题的丰富性。

从今年16所国内外院校的毕业设计作品中不难看出，同学们在深入实地考察、严谨分析，将感性印迹与理性思维、设计创意与科学理念有机融合等方面，都下了相当大的功夫。在如何实现新农村建设居住环境的现代化规划，在深入挖掘地域的、民族的传统风格特征语汇在现代环境艺术设计的运用，在全新的设计思维对建筑内外环境概念创意性设计；在对历史遗存的尊重与生态保护在规划科学性方面的探索；在遵循"以人为本"的理念，去通过环境设计解决村民生活中的实际问题等方面，也都不遗余力。所有这些，都反映出新生代学生的多元化思考，反映出各院校的教学成效，然而从很多作品中也发现，对乡村课题领悟的局限和偏颇，甚至存在凭空自扣了个乡村的帽子，设计内容不具备乡村环境的独特性，乃至放之于城市依然可以适用，究其原因就是学生们还是很缺乏乡村生活的切实体验，短短的几天考察不能从骨子里融进乡村，还不能和乡村的主体使用者产生共鸣。

二、关于趋同

"四校四导师"环境设计本科毕业设计实践教学对国内相关专业教学的重要贡献与示范是改变了传统的、封闭的教学模式，打破了各院校间的教学壁垒，实现了多所高校联合教学、校企合作教学，充分利用教学资源，实现理论与实践的直接贯通，这是本教学交流活动的原始初衷。通过这种直接交叉指导的信息直接交流，使得各院校师生可以在一个学期的时间内充分体验多所高校的不同教学氛围，接触不同的教学理念、多元化思考方式。正是通过这种深刻的交流，才使得各院校有了本质性的相互借鉴、相互学习的机会，各院校之间的差距在逐渐减小，这是不争的事实，也是本活动取得的突出成效，是优质教学资源共享的直接作用结果。在面对取得成绩的同时，也要清醒地认识到，"取长补短"不应趋于"拿来主义"，在取经的同时也要固守特色；在拿来之后，至少还要融会贯通，甚至要创新出更高阶的教与学的方法。

个人认为，这里面也存在"教方法"还是"教设计"的关系问题。方法与程序是相当重要的，可以说是高效、准确、科学地展开设计的基础，这些内容也应当是在进入本专业学习之初就应该首先解决的问题，而且在高年级的诸多专业设计课程需要反复应用、实践的基础知识。同时方法与程序也具有一定的相对一致性，不过多的以设计者的个人意志为转移。对于学生而言，易于形成僵化，也从一个侧面成为设计方案趋同的因素。

毕业设计作为本科阶段最后一门课程，应该在很熟练娴熟使用"方法"，在此基础上，"教设计"——更准确地说是应该启发、引导学生们从社会学的高度学会思考解析课题、指导设计，进而给学生对于形成优秀设计更有帮助的内容，辅导学生在这个阶段能形成相对个性化的设计体系，也许它不会很完整、成熟，但这对于今后学生能形成独立、系统的思考，以至于逐步形成自己的设计特色都将受益匪浅，这也是多校合作教学的意义所在。

## 三、关于美丽乡村

现如今当人们开始逐渐厌倦工业文明的嚣乱，就试图尝试自给自足田园诗般的农耕生活，古典的中国式乡村生活方式与状态，毫无疑问会成为我们今后进行规划、设计、建设时所必须汲取的营养。根据各地区资源条件不同，建设"美丽乡村"不应千篇一律，乡村有它独特的乡思和乡情的记忆，要做到还情怀于乡村，找寻迷失在钢筋水泥城市中的归属感。

### （一）现状与问题

#### 1. 南北差异

2013年我国城镇化水平达到53.7%，10年里有90万个村子消失了，其中包括大量古村落。伴随乡村萎缩的是聚落形态的消亡、文化遗产的失传、乡村景观的衰败。在快速推进城镇化的过程中，农村逐渐边缘化和空心化的现实以及美丽乡村建设在全国范围的迅速推进对加强美丽乡村建设研究提出了迫切需求。但相关研究整体上还处于碎片化、零散化的初级阶段，对于美丽乡村建设，目前尚无一致的界定标准，基于对美丽乡村建设概念的不同理解，一些地方探索着形成风格差异的实践模式。

这些模式主要包括立足本地生态环境资源优势，大力发展竹茶产业、生态乡村休闲旅游业和生物医药、绿色食品、新能源新材料等新兴产业，以经营乡村的理念，推进美丽乡村建设的"安吉模式"（浙江省安吉县）。有通过人文资源开发，促进城乡要素自由流动，实现城乡资源、人口和土地的最优化配置和利用的"永嘉模式"（浙江省永嘉县）。有以生态家园建设为主题、以休闲旅游和现代农业为支撑、集中连片营造欧陆风情式美丽乡村，形成独特的美丽乡村建设的"高淳模式"（江苏省南京市）。还有以积极鼓励国企参与美丽乡村建设，以市场化机制开发乡村生态资源，吸引社会资本打造乡村生态休闲旅游，形成都市休闲型美丽乡村的"江宁模式"（江苏省南京市）。

从中不难看出，美丽乡村建设取得突出成果的案例都出现在我国的南方，相对来说北方地区则相对滞后，形成"南强北弱的"局面。究其原因最为根本的是江浙地区良好的经济基础，城乡区域协调发展水平较高，无论是百强县数量、城乡人均收入、人均存款量、人均消费、城乡人均住房面积、人均交税、汽车拥有率、奢侈品消费等指标均排名前茅。农村产业状态良好，产业形式比较丰富，村民能够安居乐业。而北方农村自营产业明显落后，大批青壮年外出务工，形成了农村"空心化"问题极为严峻。

其次原有建筑保护得相对较好，从2016年创基金（四校四导师）4×4建筑与人居环境"美丽乡村设计"的几个课题，通过现场的调研不难看出，河北省石家庄市谷家峪村、河北省承德市兴隆县长河套村的建筑几乎没有保留的价值，而湖南省郴州市苏仙区栖凤渡镇岗脚村则有成片保护良好的近300年历史的老建筑，这样在今后相对而言更容易传承古老村落的灵魂内涵。

诚然这里面也包含南方气候适宜，降水丰富，土壤肥沃，山清水秀，植被茂密等自然生态环境的原因，但这绝不是主因。贫穷落后中的山清水秀不是美丽中国，最为重要的必然是农村经济的提高、生活环境的改善、基础设施不断的完善，这样才能不断增加村民的归属感和自豪感，让农村留得住人，这才是基础，只有这样才有可能言及继承传统村落文化，发扬民族优秀精神，保持、提升生态环境，最终使乡村成为"生活的乐土，精神的家园"。

#### 2. 现代化进程的差异

我国农村为数众多，在地理、气候、交通、产业化进程、国家政策等多重因素的影响下，发展很不均衡，在美丽乡村建设中，应有针对性地分析、论证：

（1）原真型

指的是生产生活方式仍然比较成规模的相对"落后"的村落，一般是在"城市化"还没大规模波及的穷乡僻壤，这类村落应在扶植、提升经济活力的基础上尽可能地将改变传统的生活方式和保护特色的村落面貌有机结合，设立传统农业保护区、原种保护区、生态博物馆等，为当地居民，也为子孙后代，留下赖以记忆的历史印记。

（2）残存型

指传统的生产方式遭到较大冲击，但还有某些碎片化的历史留存的村落，这类村落数量最多，覆盖范围最广。对这种村落首先应该审视其留存的内容，是建筑的形式特点，是建筑群落与环境的依存关系，是特有的物产生产方式，是流传的民俗民风，还是独特的某种手工技能，甚至是某些非物质的文化遗产……，应有针对性地区别对待，但无论如何，都应在现有的条件下尽量地修补乃至逐步恢复传统的生产生活方式，尽可能将碎片化的留存连缀成一个完整体系，这样才能使其不仅在当代的美丽乡村的建设中发挥重要作用，而且为未来保留了更高层面建设的可能。诚然，实际运作的时候会存在某些困难，如果实在形成不了体系，也应尽量保护残存的部分，控制其过快的衰变。

（3）蜕变型

指的是传统生产生活方式已经基本消失，徒有其形，甚至连完整的传统形态都不具备的村落。通常为已经基本实现"现代化"，原住民多已迁出至新区，或被置换为外来的客商，或被打造为旅游景点，或沦为给城市提供某些产品的基地等。对于这种类型的村落，其有形的物质遗存已经几乎荡然无存，留下的只可能是某种心灵深处的记忆，这种记忆再也不容被扭曲。面对村落人群已经被置换的现状，应该引导村庄新的继承者，在原有记忆的基础上成为新的文化继承者，共同传习、发展传统的文化和智慧，成为香火传承的新一代村民，逐步建立新的文化内涵。

3. 主体问题

在"美丽乡村"建设的过程中，毫无疑问地要面对来自政府部门愿景、投资方的经营理念、建设成本、建造周期、工程技术等更多因素的束缚，谁才是美丽乡村所最应考虑的主体和基本原则？这些直接制约、影响甚至决定美丽乡村建设的成败。对于主体问题，毋庸置疑，就是当地的土生土长的村民，绝非来此观光的游客，也非大笔投入的投资方，在这一点上即使是最财大气粗的投资方，能有决策作用的当地政府相关部门也不能否认，因为美丽乡村其根本目的就是提高村民的生活质量。

既然主体确立，就应围绕其展开。所以在美丽乡村建设中，单纯地弄一些老民居、建寺庙、没有区域根基的模板式，或增加旅游的噱头，或附庸一下当代人已遥不可及的古人风雅，或徒增一个没有灵魂的所谓传统村落的皮囊，这些无根之木绝对抵挡不住城市现代化的冲击，传统村落文明或早或晚会被改造，以适应"现代化"的生活而失去本来面目。那么怎么办呢？怎么使无木生根、扎根呢？答案就是扶植、发展农村自给的生产生活方式，并强化各自的独特性，这才是乡村赖以存续的内在力量。

"没有人耕田了，还有人养牛么？还有人祈雨么？很自然地，牛棚就成了咖啡馆，龙王庙里就开起了'气功养生班'。既然不靠天吃饭了，祖宗的庇佑有没有也无所谓了，于是就不祭祖了，祠堂自然坍塌没落，宅子里的中堂也改成了客厅；连祖宗都不要了，更不会去拜什么鬼神，土地庙自然要因拓宽道路而被拆掉；修新房扎钢筋砌砖找施工队就行了，哪里还要上什么梁、吃什么木花酒……工业酒精勾兑的'名牌'充斥着村头小店，没有人喝土酒了，还会有酿酒的作坊、打酒的竹角、古老的酒旗么？"

在传统生产方式消亡之后，作为其外在物化的传统村落，面临的冲击是可想而知的。传统生产方式的消亡，使传统村落失去了生存发展的基础；没有了内在的生产活力，保护发展就只能是在外在的皮相上做功夫，即使有一两幢老建筑被保下来，也是一种凄凉。

当然，恢复传统的生产生活方式，并非一朝回到刀耕火种，享受不到现代文明发展成果的村民们也不会答应。主体都不答应的事情，我们自然不能那么去做。所以，两者的交融、碰撞，在所难免。碰撞不是两败俱伤，而是要相得益彰，在此就必须展现相当的智力与聪慧了，不妨借鉴先进发达国家已经取得的经验。城市与乡村在基础设施建设、功能完善，甚至公共艺术品的品位等方面并不存在过大的差距，虽然两者存在分工的不同，城市侧重商业、教育、物流等，乡村负责农作物生产、宜居；而两者并没有生硬的二元化界限，笔者在德国著名的国际化都市——法兰克福的城市最中心——罗马广场，或是在历史的古城布达佩斯、卢森堡、爱丁堡等城市的中心区域都曾看到从农村赶来的奶牛在现场挤着鲜奶，成群的蜜蜂围绕着蜂箱进进出出，草垛上堆放着刚刚采摘的南瓜，传统的烤炉烤制着当地特有的面包，老奶奶熬煮着乡村才能得见的蘑菇粥……如此的"集市"在此时此地你根本就分辨不出这是城市还是乡村，城市人也在享用农村的美味，农村人也和城市人一起欢快。也就是说乡村享受着现代科技成果的同时，不仅成片成区域完好保留几世纪前传统风貌的面貌（其实欧洲城市中老城区保护也相当完整），更很完整地保留了传统的生活方式，而且自豪地向城市展示它的美好，和城市人共享这种传统生活方式的质朴之美。"美丽乡村"应该尊重当地的自然条件，保留乡村生活方式，不能为自以为是的"理想"而设计，而应该为生于斯长于斯的农民、为融为自然的生态环境而设计；应该充分尊重乡村历史文化，营造乡村景观符合现代生活需求、便于村民交流，具有亲切的生活气息，使乡民产生心灵上的归属感。

## 四、关于美丽乡村与旅游开发

当下，我们在享受着飞速建设的现代化城市生活的同时也不得不每日面对城市的喧嚣，不得不呼吸雾霾的空气，内心深处不禁回忆起"一水护田将绿绕，两山排闼送青来"，以及"暧暧远人村，依依墟里烟"的优美乡间景象，也渐渐开始追求"久在樊笼里，复得返自然"的生活。在快节奏的都市生活的人们，都渴望短暂抽离日常的繁杂，觅得一处心灵的栖息地，在那里能够得到身体与精神的更新，渴望回归安定，崇尚自然的心情日益凸显，乡村体验旅游得到迅猛发展。

乡村旅游对于城市人来说是极其渴望的，乡村旅游也是很好的乡村产业，让产业带动乡村，不仅仅是风貌的提升，更是产业的落地，农民的致富，这也是真正的美丽乡村建设方式。说得更高大上一点，就是拉动内需扩市场、调整结构补短板、扶贫脱困求发展、供给侧改革进乡村等等，都需要大力推进乡村旅游产业的发展，解决大量村落迅速空心化，解决发展动力缺乏等问题方面，都起到重要积极的作用，开展旅游堪称"势在必行、大有可为"。然而开展的过程中，也出现通过最简单、最便捷、最偷懒、最粗暴的途径去迎合当前低层次的旅游市场、媚俗于眼下畸形的社会心理需要的做法，存在"搞旅游赚城里人钱"的粗浅思维模式，当然还有不顾自身的实际状况，盲目上马，造成巨大浪费的情况。所以，具体问题具体分析，乡村旅游是否会带来哪些负面影响？乡村旅游为乡村真正带来什么？还需要一探究竟。

"传统村落的核心价值在于存续和弘扬优秀文化基因，旅游只是发挥其价值的手段之一而不是唯一。不能为迎合一段时期内某些低层次的旅游需求而损害传统村落的核心价值。传统村落旅游应以其价值传播和发挥为出发点，以乡土教育为重要内容，努力通过旅游这种外来刺激，服务于重启村落内源发展动力，再建村落文化共同体、传承延续优秀文化的目标。"

我们应当认清旅游是保护发展传统村落文化的手段之一，它只应该是开展乡土教育、传承和发扬优秀文化中产生的附加的、额外的收获，而绝不能将其作为主要甚至唯一的追求，最终沦为了猎奇作乐的游乐场。尤其应当避免仅仅为了经济利益而损害传统村落核心价值的种种作法。

此外还应注意，乡村搞旅游不是唯一可行的产业模式，不可因其见效快，回本快，能出政绩，于是就一窝蜂式的大搞特色旅游。今年同学们的选题也大多数都以旅游观光开发为重点，似乎没有更多地从社会学的角度思考如何适应农民的"本土生态"再生。在此也是强调美丽乡村建设应切实结合自身的传统产业优势，开展多种经营，广开思路，发展经济。

## 五、关于美丽乡村与资源保护

乡村的资源开发，同样会带来与城市发展遇到过的相似的问题。怎样把握改造的尺度？怎样保护原有的自然风貌不受破坏？怎样做到经济价值与"美丽乡村"可持续发展的统一，都是值得深入思考的问题。

### （一）文化保护

根据当前的一些考古成果分析，中国文明从开始即有着浓重的农耕色彩，距今五六千年以前遍布黄河南北的那些农业村落，与今天中国农村的自然村落，有着诸多血脉相通之处。在漫长的封建社会，中国的农耕文明趋向成熟、完善，甚至能够代表人类农耕文明的最高水平，也是当时整个人类文明的最高水平，其内部秩序和谐，且有自我调节的免疫能力，深深扎根在适宜农耕的土地上，曾经无比的光辉耀眼。

但是非常遗憾，我们错过了多次逐步演进成为现代工业社会的历史机遇，是西方的坚船利炮打开了国门，也打破了传统寂静的农耕文明；接下来多年的战乱，农村环境更是被破坏殆尽；新中国成立后，乡村骤然从农业时代跃进到工业时代，没有一个逐渐演化的过程，没有思维观念的慢慢转变，没有基础设施的慢慢完备，没有管理制度的慢慢优化，传统的生产方式与传统文化被迅速剪切破碎、荡涤抛弃，传统文化在历史进程中呈现断层。曾经的中国传统社会，文化人是储存在乡村的，宰相、大臣退休了，都会落叶归根，使得它成为文化蕴藏很深厚的地方，甚至比城市更深厚。重新探讨如何让文化力量重返乡村，如何让乡村拥有高质量的教育水平，这些都是美丽乡村建设所首要考虑的问题。

当今，社会各界对乡村文化的传承与保护投入了极大的热忱，文化遗产的保护取得了历史性的进展。借助美丽乡村建设的东风，系统地、具体地、持续不断地挖掘解读村落中蕴藏的中华民族优秀基因，必定是主旋律。

中国地大物博，有上百万个村庄，这些村庄或气质从容安详，或灵魂翰墨书香，或者个性原始、粗犷，或形象空谷幽兰……因此首先要充分解读，充分了解村庄的文化特质，才能有的放矢地传承弘扬。不能用碎片化的、线性的、解构的眼光分析村落，应该把村落当作一个活态的有机整体来考虑，对整体自然人文环境、历史环境要素、传统文化生活的统筹研究。

农村经过数百千年的发展，已形成了各具特色的民俗文化，如地方方言、节庆礼仪、传统戏曲、传统工艺及宗教信仰等，只有保护好古村落民俗文化，才能体现出古村落乡土人文气息氛围，古村落才能完好地得以保存和传承延续下去。

（二）生态保护

从生态保护的角度来说，农村是重要的储备，是巨大的蓄水池，整个城市的发展要靠农村建设来平衡，否则的话，整个生态系统更容易被破坏。

我国古村落从选址到布局都强调与自然山水融为一体，因而表现出明显的山水风光特色。中国传统哲学讲究"天人合一"的自然观，把人看作是大自然的组成部分，因此人类居住的环境就特别注重因借山水，融会自然，朴素的生态观念一直伴随其中。

中国古人对理想居住环境的追求包含对生态环境的追求，其中的规律被蕴藏于风水学之中。风水强调人与自然的和谐，特别看重人与自然环境的关系。如生活在黄土高原上的先民为了与大自然相适应，选择了掘土而居的穴居形式，具有节约用地、成本低廉、冬暖夏凉、防风、聚气等特点。中国古村落绝大多都有山环水抱、坐北朝南、土层深厚、植被茂盛等特点，有着显著的生态学价值，如背靠大山既可抵挡冬季北来的寒风，又可避免洪涝之灾，还能借助地势作用获得开阔的视野；良好的植被，既有利于涵养水源、保持水土，又可调节小气候和丰富村落景观，真正做到了人与村庄适宜于自然、回归自然、返璞归真、天人合一的真谛。

所以，保护农村，主要保护传统乡村中的那种人与自然的和谐的生活状态，重点保护古村落内历史街、巷的整体格局、道路骨架、平面布局、方位轴线关系、水系河道等。

（三）意象保护

我国有着数千年传统的社会文明，在各地都留有不可磨灭的历史印记，其中包括传统的乡村建筑，它记录了当地的区域文化特色。传统乡村建筑的形式具有多样化的特点，其中更多受到了当地文化的影响，吸收了当地的习俗，这些特点表现在了当地的总体布局、建筑样式等方面。传统的乡村建筑因地制宜，与自然环境相适应，体现了与周边景物的融合性。

乡村的原始形成更多地依托于自然生态环境，存在于一定的自然、经济社会与文化环境中，其发展与演变不仅受地理环境、气候条件等自然条件的影响，还受同样的物质生活、文化传承、社会、经济、历史和人文因素的影响，从而形成了各自的传统习俗、人文风格和地方特色，这就是乡村特色的个性体现。就像一些传统民居是中国建筑历史的一个见证一样，这些祖屋、土屋、石屋等农民民居也是中国建筑历史的一个见证。在新农村建设中，既要避免不接地气的城市化建筑景观的固化模式，当然也不是越土越好，越像旧村庄越好。

乡土建筑是一个动态发展的过程，每个时代都有其对应的乡土建筑，乡土建筑的变迁是乡土建筑的一部分。乡土建筑在过去、现在和将来，都将广泛存在并引起人们的思考。这是在乡土环境影响下为适应传统宗法制社会而产生的具有多个子系统的完整建筑体系，是乡土环境中各种建筑的总和。这些建筑不但是宗法制社会中人们现实生存的需要，而且是维系整个宗法制度社会正常运转、不断延续的需要。乡土建筑在现实生活中以诸多相对独立的生活圈的形态存在，也就是以聚落的形态存在。在传统宗法制度时代，往往一个村落便是一个生活圈，因而一般情况下可以把单个村落等同于一个基本的聚落单位。探寻乡土建筑与传统宗法制相互关系，并将这种内因应用于寻找一个深层次保持地域建筑特色、延续传统文化的思考。

六、结语

在美丽乡村建设的今天，工业反哺农业、城市反哺乡村，从物质文明到精神文明都让农村面貌焕然一新，为农村提供最适用和便利的生活方式。美丽乡村是不再把乡村改造成城市化的乡村，不再做二手的城市梦。

"四校四导师"毕业设计联合教学，更是联合优质教学资源，优质设计实践资源，通过"责任导师+实践导师"的创造性模式，反哺教育，致力于培养实战型创新设计人才，走出了一条教学改革创新之路。而教学交流无界限，教学创新无止境，革新之路不可能都是顺风顺水，不怕问题，发现问题，不断解决问题才是"联合教学"的核心动力。再次祝愿"四校四导师"毕业设计联合教学继续走在教学改革的排头，为环境设计走向辉煌，做出更大的贡献。

# "重新想象" 看待建筑遗产
## 2016(四校四导师)实践教学课题
## "Re-imagining" of Our Architectural Heritage in a Modern Way
## FOUR-FOUR WORKSHOP 2016

佩奇大学建筑系　系主任　阿高什教授
Head of the Institute of Architecture　University of Pecs　　Prof. Akos Hutter
佩奇大学建筑系　助理教授　金鑫博士
Assistant professor of the Institute of Architecture　University of Pecs　　Dr.Jin Xin

摘要：2016年是匈牙利佩奇大学建筑学院的学生第三次参加"四校四导师"课题。课题不仅对参加的学生是一个很好的机会，更为大学所有的建筑系学生打开了更加宽广的国际视野。通过课题学生们得到极大的启发。匈牙利学生的毕业设计主题是："美丽乡村"。将一些现存的、有价值的旧建筑进行评估改造并且再利用是近几年来学生毕业设计中最热门的选题。无论是在学生的课题中还是在现实项目中，对现存可利用旧建筑的改造并保护其价值对于师生来说都是一个巨大的挑战。

关键词：改造，重新想象，循环利用，遗产保护，传统，现代

Abstract: Our students had have possibility to take part in the four-four workshop third time. This is not only a great possibility to them but it is to all of our architecture students because an international perspective will be opened in front of them. Actually, the students are going to be inspired by these programs like that. The topic of "the beautiful villages" was totally harmonized with the Hungarian students' diploma project issues this year. For several years reimaging, reshaping or rather recycling of some valuable existing buildings is the most popular diploma project topic among our students. Not only in the students' work but in the real architectural projects which are an enormous challenge to find a right way how we should touch our built heritage and values.

Keywords: reshaping, reimaging, recycling, heritage protection, tradition, modernity

Acknowledgement
I would like to take the opportunity to express our thanks to the China University Union "four-four" Workshop Group, the China Building Decoration Association, Environment Design Alliance of Chinese Institution of Higher Education, the CAFA, School of Architecture and Professor Wang Tie for the kind invitation to this unique professional event. The "4×4" workshop program is a highlighted event in our educational calendar in every year.

鸣谢
借此机会表达佩奇大学的感激之情，感谢中国高校联盟、"四校四导师"课题组、中国建筑装饰协会、深圳创基金、中国中央美术学院建筑学院和建筑设计研究院王铁院长盛情邀请我们参加这个专业盛会。从2014年起至今"四校四导师"学术研讨会是我们每年教育日历中的重要教学课题。

It is important for us uniquely because one of our main objectives is to strengthen and develop the international architecture program at our institution with having new experiences in the field of professional collaborations and we would like to settle our educational system on an international level and quality.

The collaboration with the Chinese professors, colleagues and Chinese students supports us our efforts efficiently and successfully.

I believe that we are able to achieve the modern, up to date way of the architecture education through these programs like the 4×4 program and we are going to shape the architecture students' outlook in this way.

We can learn most of things through these conversations, by recognizing of meaty opinions, edifying critics, interesting experiences and remarkable design projects of each other. Of course, the most instructive thing to know about those global challenges is with what we can meet in our design activity usually.

International collaboration between universities

Our students had have possibility to take part in the four-four workshop third time. This is not only a great possibility to them but it is to all of our architecture students because an international perspective will be opened in front of them. Actually, the students are going to be inspired by these programs like that.

In our education and architectural research, we emphasize the precise high quality design from the details of urban scale and development of sustainable building technologies.

Our ambitions are to share our knowledge and gain further insight into these disciplines during these programs like the "four-four" workshop.

We are focusing on these aforementioned particular fields at the highest, postgraduate level of our architectural education in the Marcel Breuer Doctoral School at the University of Pécs. The theoretical and practical parts of

课题对佩奇大学建筑学院意义非凡。因为学院的主要目标之一就是开拓国际教育合作、加强建筑专业领域教学合作，并且以国际水平与质量来衡量、检测专业教育体系的品质。

在与中国高校的课题合作过程中，课题组所有教授、同事和学生们给予佩奇大学莫大的支持与促进，课题师生们取得丰硕成果。

相信通过"四校四导师"这样的课题，佩奇大学与中国院校能够实现共同的与时俱进和高品质的教育，为建筑专业教学和学生们学习打造美好的前景。

通过课题的学术会议，中国教授们对学生作品点评时的意见和批评，师生学到了很多，学习了中国各个城市不同的体验和各个大学卓越的设计作品，这些对佩奇大学来说都是巨大的收获。最有启发的一点就是：通过"四校四导师"课题，师生更加全面地了解中国的设计师们如何去面对全球性挑战，当然，现实的这些问题也是在平时教学工作中经常困扰教师的难题。

大学之间的国际合作

2016年是匈牙利佩奇大学建筑学院的学生第三次参加"四校四导师"课题。联合教学不仅是对与参加课题的学生是一个很好的机会，更为佩奇大学所有的建筑系学生打开了宽广的国际视野。学生们通过课题得到极大的启发。

在佩奇大学的建筑教育和科研中，无论是城市规划还是建筑技术的可持续性研发，所有细节都强调高品质的设计。

佩奇大学的目标是在像"四校四导师"这样的课题中分享我们的知识，并通过课题项目对与专业知识有关范围得到了进一步的深入理解。

佩奇大学马塞尔·布鲁尔博士生院，对研究生和博士生的教学与培养主要是致力于上述这些领域，理论与实践相结合是博士生院主要的教学方法。建筑遗产保护是我们的重点研究领域，在实践项目当中重新使用现存旧建筑，同时也考虑其人文、历史、社会价值。课题对于本科和研究生规定必须参与，让在不同学习阶段的学生们学会融入、协同合作。

architecture are playing together an emphasized role in the program of the Doctoral School. Some of the most important research fields are the built heritage protection, reuse of existing building substance as well as the humanitarian and social architecture in our doctoral school. These topics are presenting and influencing the undergraduate/BSc and graduate/MSc programs as well. We always tend to create synergy between the different levels of our education.

"The beautiful villages"

The topic of "the beautiful villages" was totally harmonized with the Hungarian students' diploma project issues this year. For several years reimaging, reshaping or rather recycling of some valuable existing buildings is the most popular diploma project topic among our students. Not only in the students' work but in the real architectural projects which are an enormous challenge to find a right way how we should touch our built heritage and values. This question is a global and local issue together. On one hand, the huge numbers of the existing buildings raise up year by year requiring a general answer in every region from the architects, on the other hand this issue has to be solved locally taking into account the local cultural traditions in architecture but not only. The social aspect of this issue is one of the most important components of the architectural face in this question.

Some students were able to find the right answer definitely and a possible approach to this point at the four-four workshop in 2016. Several aspects had to be realized together such as how they could be fit the traditional and modern lifestyle, how they could be accommodated the traditional and original architecture and the contemporary architecture, furthermore how they could we touch the original building structures with modern technologies and structural and building materials. The modern

"美丽乡村"

2016年匈牙利学生的毕业设计主题是"美丽乡村"。无论是在学生的课题中还是在现实项目设计中，如何面对旧建筑的改造，保护其价值对于师生来说都是一个巨大的挑战，这是一个整体与局部结合在一起的问题。一方面，每年都有大量的现有旧建筑需要修建翻新，建筑师需要对出现的类似问题给出基本的解决方案。而另一方面，结合功能引入当地建筑中的文化传统要素是一种方式，但不是唯一的方式。社会层面因素是问题中的问题，建筑领域需要解决的是改造的关键部分。

部分学生在四校教学活动中找到了比较明确的答案，提出了探讨的可行建议。怎样适应传统和现代生活方式的要求成为主题，怎么调和传统建筑与现当代建筑的关系以及如何用现代的技术在结构处理手法和现代建筑材料应用角度来改造当地传统建筑，科学的评估结构等方面是必要的工作基础，通过这次workshop学生们学会了思考。探讨符合现代要求的基础设施，需要与乡村当地传统建筑结构及形象相协调。最终我们不能忽略可持续发展的理念在建筑设计各个阶段中的应用价值。无论欧洲、亚洲、世界其他地方，都要将绿色节能、控制碳排放技术应用到现存传统村落建设中，同样低碳理念是需要我们思考的重要课题。

and required infrastructure whether can be harmonized with the traditional and original structures and images of villages. Last but not least, we may not forget the importance of the project' sustainability neither in the phase of implementation nor later. The applicability of green technologies, minimizing of carbon footprint are also some important issues which have to be an integral part of the reimagining our existing, traditional villages all over the Europe and Asia alike.

Several graduation projects proposed intervention and supplementation with pretty responsive scale in the villages that can be a right first step to find a proper architectural conception. Analyzes of the typical building forms, settlement of the properties together with the survey of the typical traditional building materials were elaborated in the presentations. I was delighted to see some really nice solutions how could be created a clear contrast between original and contemporary structures with for instance the proper usage of materials. In this way we can protect our built heritage and can fill it with modern function and can reshape it in contemporary manner.

The beautiful villages' topic described one of the most exciting questions of the present architecture namely how we can connect to our traditions by the proper tools of contemporary architecture.

参加课题学生的作品经过老师们的共同指导与反复修改之后，找到恰当的表现方法，以及合适的建筑设计概念，这是一个正确设计表现的第一步。分析建筑形态、特性以及传统建筑材料选择，都一一在课题答辩中详尽地阐述出来了。在如何创建古典和当代建筑结构美的清晰表现上，对比与分析将得到解决方案，比如合理运用材料。用这种方式能够保护现存的建筑遗产，使其具有现代的功能，并用于使用，建设是一种态度的重塑。

"美丽村庄"选题中最具有挑战的同时也是最令人兴奋的，是如何对那些现存的老建筑进行改造，换句话说就是如何用恰当的方法将传统建筑与现代建筑完美地结合。

# 实践教学

## 4×4建筑人居环境"美丽乡村设计"课题活动中的教学
Reflections on the Teaching of the 2016 Chuang Foundation · 4&4 Workshop · the Experimental Teaching Project

苏州大学 金螳螂城市建筑环境设计学院　王琼 副院长
Soochow University, Gold Mantis School of Architecture and Urban Environment, Prof. Wang Qiong

摘要：从三月到六月，从春日到夏至，为期四个月的创基金（四校四导师）4×4建筑与人居环境"美丽乡村设计"课题在中央美术学院美术馆报告厅拉下了帷幕。今年来自全国的16所院校的师生，以美丽乡村为课题，在所有老师、同学的共同努力下，历经开题、中期、最终汇报几个阶段。走过承德、重庆、长沙、北京四个城市，走完了该活动的第八个年头，其社会意义和教学意义都是非凡的。

关键词：设计中的教与学，教学中的坚持，学生的反馈

Abstract: from March to June, from spring to the summer solstice, for a period of four months of a fund (School of four instructors) 4×4 architecture and living environment of the beautiful countryside design "project in the Central Academy of Fine Arts Museum Lecture Hall pulled down the curtain. This year from the 16 schools, teachers and students, subject to the beautiful countryside, under the joint efforts of all the teachers, students, after the proposal, mid-term and final reports in several stages. Walk through Chengde, Chongqing, Changsha, Beijing four cities, completed the seventh year of the event, its social significance and teaching significance is extraordinary.

Key words: Design of teaching and learning, teaching, students' feedback

　　四校四导师的活动意义在于让每个学生可以享受到除本校以外全国一线设计院校知名教授的互动指导。对于大学中的最后一个设计，学生们付出自己的热情，教师们也在整个活动中对每一个学生付诸了心血（图1）。

## 一、背景

　　中国建筑装饰协会自2008年底与国内重点高等院校环境设计学科共同创立名校名企实验平台，开展中国建筑

图1　2016年6月20日于北京中央美术学院

装饰卓越人才计划奖,暨"四校四导师"环境设计本科毕业设计实验教学课题。八年来,活动已成为全国建筑装饰行业设计界与高等院校的年度例行表彰的活动,得到了国内外广大的设计研究机构、企业、设计类高校乃至深圳市创想基金会等行业同仁的广泛认可和高度评价,课题为进一步促进设计行业的良性发展发挥了桥梁的作用,验证了行业协会牵头、名校与名企合作的可行性,打破了院校间的壁垒,为企业培养了大批合格人才。

"美丽乡村设计"是这次活动的中心和主题。建设美丽乡村是中国共产党在新时期提出的要在我国广大农村地区落实生态文明建设方略的重要举措;是实现农村经济可持续发展、实现城乡一体化发展的有效途径。正如习近平在中央城镇化工作会议指出的:"要让居民望得见山、看得见水、记得住乡愁。"

我国农村土地面积占总面积的57.59%。在建设美丽乡村的大方针政策下,全国许多自然资源充裕的乡村,充分发挥场地的自然条件特色,发展旅游民宿产业,让设计的力量融入乡村,提升乡村旅游经济,实现乡村生态圈与文化创意经济的重构。

但是在整个设计及实施过程中,审美情趣缺乏、地域特色流失。

吴良镛先生多年前就已提出来"乡土建筑的现代化,现代建筑的地区化"的观点。他认为建筑创作的困惑是中国大规模城乡建设,成绩伟大、优秀的作品时有出现,但普遍建筑设计水平、建筑创作的方向颇令人困惑。

主要体现在:(1)过于追求现代感的设计而抛弃了乡村传统建筑的形制。走进乡村我们往往所能见到的都是千篇一律的四四方方的现代住宅形式。不同乡村的区别可能是在于富裕程度的不同而导致的饰面材料不同。同一个村落中,区别仅仅是建筑占地的大小和高度不同。(2)工业生产下的材质,缺少本土的人文关怀。江浙一带传统乡村建筑中除了砖瓦,还会多用夯土。不仅仅是为了节约成本,更能解决梅雨季节中过度潮湿的问题。但现在的乡村中很少使用了,原因在于饰面效果的不完美。取而代之的大多是干挂石材、饰面墙砖等材料。虽然是彰显了收入的提高,但不仅没有将乡村的美丽体现出来,更产生了非常多不伦不类的半成品(图2)。

图2 浙江地区现代农村建筑

伯纳德·鲁道夫斯基在《没有建筑师的建筑》一书中提到下面两个思想:什么是乡土建筑中的价值和特质?建筑风格多样性在现代社会中的意义。通过对乡土建筑的重新认识与评价。"原始"建筑之美往往在无意之间被人忽略遗失,但是直到今天我们才认识到:"原始"建筑这种艺术形式是将人类智慧运用于人类独有的各种生活方式中时应运而生的。确实,鲁道夫斯基博士把没有经过正规训练的建造者们的设计哲学与实践知识看作是去发掘已陷于混乱城市重围之中的工业时代人类灵感的源泉。他认为,由此而衍生的建筑智慧超越了经济与美学方面的思考,触及了更加艰难并且日益令人烦恼的课题——我们如何生存而且可以继续生存下去。这里的生存不仅指人类的生存,也是传统建筑今日及今后的发展方向。

因此,在建筑设计讲究科技感、异形体和现代材料的今天,将目光转向"美丽乡村",方略中的"美丽"和"乡村"紧密结合在一起应受到社会与相关专业的关注与重视。将地域性材料重新发掘并投入新的建筑使用中,是现代人需要探索的方向。

## 二、选题

我们学院的选题采用"真题真做"的形式，将安吉剑山湿地公园定为本次设计的基地。安吉剑山湿地公园为2008年建造，旨在依托安吉当地富饶美丽的自然风光和怡人的人居环境，打造现代版的世外桃源。项目由于投资方资金问题，目前为搁置状态。场地规划初见雏形，场地内已建成数栋具有地方特色的山居民宿。芦苇池塘、石子小道、铁索栈桥等特色设施点缀其中，场地东面临山，山型高耸，形成自然屏障。湿地公园紧紧贴近山脚，成为山势延伸的一部分。

图3 安吉剑山现场照片

由法国古堡酒店管理公司和日本资生堂联手合作的跨界精品酒店项目拟定项目选址于此。致力于打造将产品、住宿、自然融为一体的美颜之旅。

在建设美丽乡村的大方针政策下，凭借优质的自然资源，充分发挥场地的自然条件特色，发展精品民宿产业，让设计的力量融入乡村，提升乡村旅游经济，实现乡村生态圈与文化创意经济的重构。

并作出以下要求：

1. 发掘当地资源

充分考量剑山村和湿地得天独厚的地理、山水环境，统筹考虑其与周边村落、产业的关联，充分挖掘当地乡土文化，提炼触及心灵的主题。

2. 取于民而还于民

在对周边民宅和农田作初步梳理的基础上进行湿地公园的烂尾民居建筑改造，形成配套齐全的起居休闲功能，通过有创意的景观环境设计和旅游策划，打造"安吉山居特色的民宿"，最终实现乡村生态圈与文化创意经济的重构。

3. 项目地域性是重中之重

将"美丽乡村"方略中的"美丽"和"乡村"紧密结合在一起。城市的美丽与乡村的美丽是截然不同的。乡

图4 安吉剑山现场照片

村的美丽在于质朴的生活方式、在于建筑与自然环境的融合、在于当地材料的合理利用。只有在充分调研的基础上，进一步考虑乡村的生活方式、生活习惯与设计手法的结合才能做到"美丽"的唯一性。

4. 客户群的研究与针对

"美颜之旅"项目有着其特定的针对人群。特定对象对于事物的喜好、平时的生活习惯和对于项目品质的期望和要求都会截然不同。"详尽地分析"、"合理地落地"和"意外的惊喜"才能是该项目成功的关键词。

## 三、设计过程中的教与学

1. 关于定位

近年来安吉县旅游业发展迅猛，旅客流量、旅游收入都呈递增趋势，而旅游业带动当地经济的同时也带动了酒店、民宿产业。本次设计就是利用安吉县尖山村现有的湿地环境及部分闲置建筑进行室内外环境的梳理改造，使得时尚的居客与朴素的村民、城市的舒适与乡村的淳朴之间实现互动与融合，设计出与美丽乡村结合的、现代精致的民宿酒店。

学生从课题的选定到基地的调研，从数据的统计到概念的生成，前期的经历充满了未知与挑战。课题选择了安吉剑山村的湿地公园重建项目，在安吉县这个区别于其他乡村的富余县城，如何结合当地的经济发展现状与旅游产业蒸蒸日上的行业发展趋势，以及其丰富的自然人文资源，同时满足"美丽乡村"这一主题的要求，成了这次课题设计的主要任务。首先学生们确定了方案的功能为面向游客及当地村民的休闲度假酒店，在结合实地调研及数据统计的基础上，要求学生以基地内的一片原生湿地为出发点，考虑在湿地这种特殊的自然地貌条件下的建筑及景观设计的可能性，最终确定设计一个建设在湿地上的景观民宿酒店。

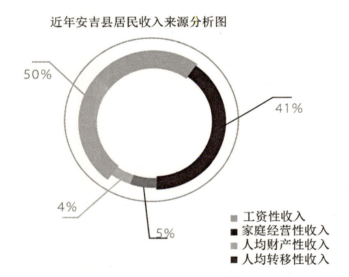
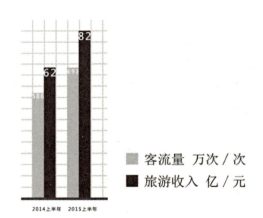

图5 学生安吉经济数据分析示意图

2. 关于功能

在接下来的设计过程中，学生们也遇到了许多问题，例如酒店的具体功能如何排布以满足正常的使用要求，同时保证良好的入住体验，采用什么样的建构方式才能适应湿地潮湿多水的自然环境，同时尽可能地保证自然环境不受到破坏，选取什么样的材料才能够体现建筑的地域特征，同时满足环保的要求，采用什么样的形式能够体现安吉的文化特色，吸引游客的到来等。经过不断尝试，一次又一次地推翻原有的方案，最终确定了大致的方向——以景观设计与建筑设计的竖向关系为出发点，以底层架空为基本的建筑结构形式，以具有当地特色的竹，以及周边易取得的木材、土、秸秆以及强度大但是较为轻便的钢材为主要材料，以符合基地形态，尽可能地保护湿地空间的原则而选取的折线形态为建筑形体的基础形态，完成了中期的设计。

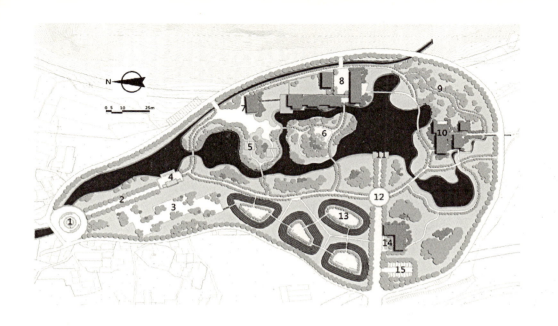

| | |
|---|---|
| 1 | 入口广场 |
| 2 | 林荫道 |
| 3 | 休闲广场 |
| 4 | 亲水平台 |
| 5 | 景观盒 |
| 6 | 绿岛 |
| 7 | 茶室 |
| 8 | 特色民宿 |
| 9 | 竹林深处 |
| 10 | 文化中心 |
| 11 | 木栈道 |
| 12 | 展示台 |
| 13 | 茶香园 |
| 14 | 接待中心 |
| 15 | 停车场 |

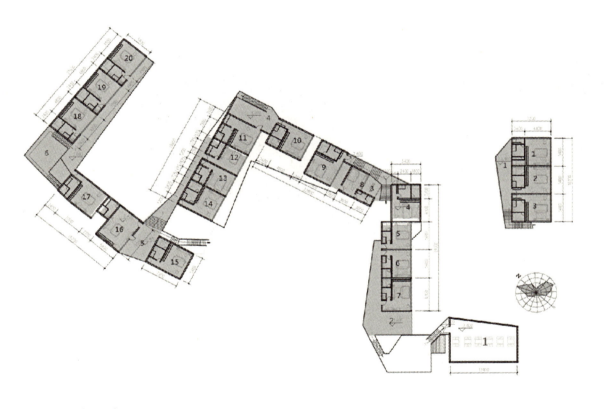

| | |
|---|---|
| 1 | 平台1 |
| 1-3 | 客房组1 |
| 2 | 平台2 |
| 5-7 | 客房组2 |
| 3 | 平台3 |
| 4、8、9 | 客房组3 |
| 4 | 景观盒 |
| 10-11 | 客房组4 |
| 5 | 平台5 |
| 12-16 | 客房组5 |
| 6 | 平台6 |
| 17-20 | 客房组6 |
| 1 | 书吧 |

图6　学生功能分析图

### 3. 关于建筑

基地中现有的闲置建筑是用现代手法建造的仿古建筑。在设计过程中，我要求学生首先对原建筑进行建模还原，之后提取了建筑的立面轮廓，发现其形式十分具有传统的江南韵味。因而，在接下来的建筑改造当中我要求所有学生适当地保留了这一具有江南韵味的轮廓。

建筑的改建不单单是简单地照搬与模仿。因而，建筑的改建主要针对建筑的外立面与空间利用，或采用具有江南韵味的白墙灰瓦，或利用当地的夯土或竹结构作为主要建筑材料。改建及加建的建筑形态沿用坡屋顶的形式，加入玻璃盒子的概念，将传统的坡屋顶形态与具有现代感的通透玻璃体块结合，让建筑有了虚实结合的关系，实现体验空间的游客与自然之间更加紧密互动，以此达到革新的目的。

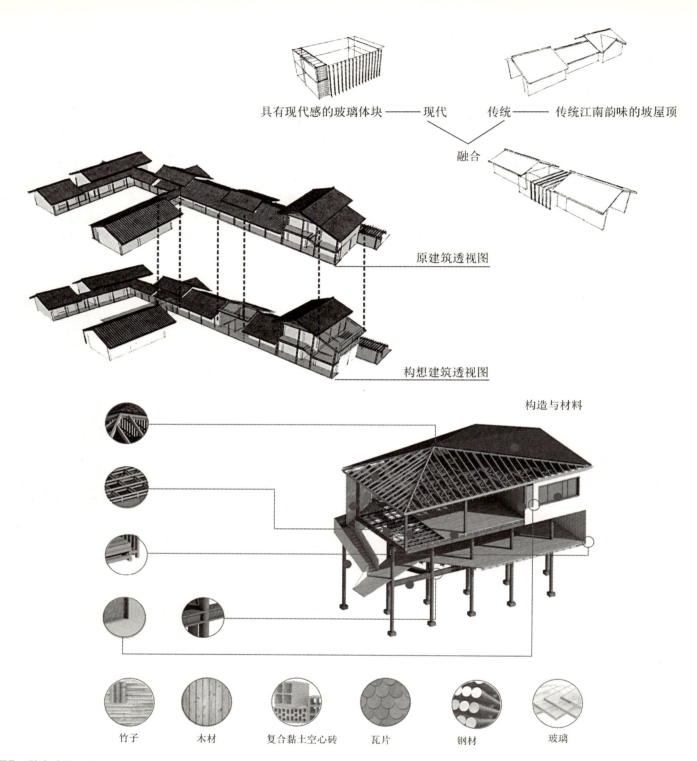

图7 学生建筑分析图

**4. 关于室内**

在进行室内空间环境的设计过程中,设计出符合当地气息的民宿酒店,而真正地做到"取之于民,用之于民"的彻底融入,需要为自己的设计构筑文化根基。

注入文化精神使得设计变得更有意义,而从形态造型、空间布局、材质色彩等方面表达出的文化内涵是我要求设计的重点,而表达手法在于塑造出具有"场所感"的空间,以及新旧空间的结合,利用景观与建筑空间的相互渗透,增强空间层次感与流动感,使得空间获得景观上的衍生,进而达到空间与文化意境上的融合。

让设计回归,回归本土、回归文化、回归人文情怀中。做有"文化"建筑,创造有"人情味"的空间是本次学生设计的最终目标。

因而在室内空间的塑造上我要求强调两种关系：人与人之间的关系以及人与自然之间的关系。

首先，营造的空间多是以大块玻璃围合，空间的明亮通畅让行走其中的人自然而然就将视觉聚集在窗外的景色上。基地背山面水，周边的植被茂盛，青蓝色湖水、大片金黄色芦苇，布满竹林的剑山就近在眼前。如此宝贵的自然资源为空间的使用者提供了绝佳的视觉窗口，因而，在空间的设计中我要求尽可能多地强调这一点，通透的玻璃、渐变的木条格栅、有韵律感的门窗设计都是为了让空间中的体验者在向外看的时候有不同的视觉体验。当置身于空间中的游客将向外看景变成了自然而然的事，那么人与自然的互动就产生了，空间的设计也会在人们对自然的体验中不知不觉产生着作用。

其次，在人与人的关系上空间的塑造同样重要。民宿酒店它是质朴的、有人情味儿的，在空间的塑造上，我要求加建了多处开敞明亮的新的空间，分布在客房区域的各处，其目的是拉近旅途中游客之间的距离，围合而较为静谧的空间本身就适合人们驻足、聚集、交流。而所营造出的围合感是依靠种植于建筑边缘的茂密的竹子，竹子本身带给人的幽静感觉使人身心平和，安坐于用竹子围合的幽谧空间看竹影斑驳，享一片清凉，去除旅途疲惫的时候与同样聚集在此的游客自然而然就有了交流。以空间的营造带给人心情的舒畅与愉悦，抛开城市中的快节奏和距离感，在此处的民宿中的一抹竹影下大家敞开心扉拉近距离。

图8 学生室内效果图

5．关于元素

安吉县以其丰富的竹资源著称，而基地旁的剑山上覆盖有大量的竹资源。竹本身易营造出静谧、雅致的空间，因而利用竹子可以自然地分隔出私密空间与公共空间；竹子其特有的形态可以柔化建筑的立面，使得建筑变得更有生气。

因此，在改造中使用了很多由竹提取而来的元素。

提取生长茂密的竹林在视觉上形成的紧密排布的纵向线条，将竹简化成线，将线的排布规律化，由密到疏模式化排布，以此衍生出间距有规律变化的木条用于建筑立面的装饰。

提取生长中的竹笋三角形的生长纹路，尖头向上的三角正反叠加，横向排布开来，在三角中加入已提取的紧密排布的木条，演化成门窗的造型设计，形成了独特的韵律感，随着门窗开合角度的不同，营造的效果也截然不同。

建筑改造过程中，我要求学生有意识地加建了许多通透的玻璃体块空间，目的在于提供给游客一个聚集、交流的场所，在这样的通透空间中感受光影、感受自然，一边谈天一边赏景，不仅拉近了人与人之间关系，同时也拉近了人与自然之间的关系。

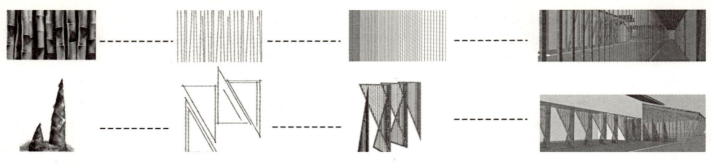

图9 学生元素分析图

## 四、反思

学生在整个设计完成之后会发现一个完整严密的设计流程以及严谨细致的前期调研的重要性,"美丽乡村"在他们的心中也不只是一句口号,而是切切实实承载着村民的生活与期盼的美好的前景。他们开始意识到一个设计师不仅是为表达自我创造价值而进行设计,他的身上同时也承载着社会的责任与义务,为社会,为生活着的普通人们而设计,这是他们在"四校四导师"此次的活动中学到的最重要的一点。同时,这次的课题,加深了他们对建筑构造和结构的理解,一个建筑从图纸到建成并不是一个想当然的过程,一定要以工程师的态度来审视一个设计,纸上谈兵是没有意义的。这次的活动是他们走出学校走向社会这个关键时刻最难忘最宝贵的经历。

本次设计,不仅仅是在建设美丽乡村的方针政策下进行的一次设计,它也显示出了中国设计行业的未来发展趋势。朴实、用心、实用的设计才是应该遵循的方向。在设计过程中,遇到了大大小小的问题与难关,也暴露出教学自身存在的诸多问题,对建筑结构的基础知识掌握、对建筑形态的审美与把控、室内材质及软装的挑选都是学生处理不够深入之处。设计过程中也有许多遗憾之处,很多想法未能充分地表达出来,对图纸的表现和排版方面也是学生需要加强的部分。

对乡村进行美丽建设是时代发展的结果。通过此次设计,学生们对设计有了更深层度的理解,也开始思考设计的方向与意义所在。在设计的道路上他们依然还有很长的一段路需要走。

## 参考文献

[1] 彭一刚. 传统村镇聚落景观分析[M]. 北京:中国建筑工业出版社,1992.
[2] 牛建农,虞晓丽. 新农村建筑外墙装饰[M]. 北京:中国建筑工业出版社,2010.
[3] (美)伯纳德·鲁道夫斯基. 没有建筑师的建筑[M]. 高军译. 天津:天津大学出版社,2011.
[4] (日)进士五十八,铃木诚,一场博幸. 乡土景观设计手法[M]. 李树华,杨秀娟,董建军译. 北京:中国林业出版社,2008.
[5] 陈威. 景观新农村[M]. 北京:中国电力出版社,2007.

# 毕业设计引发思考
The Thinking of the Project of Graduation Design

山东建筑大学　陈华新教授
Shandong Jianzhu University, Prof. Chen HuaXin

摘要："四校四导师"毕业设计实践教学，今年选择"美丽乡村"设计做主题，并且结合实际建设项目，是一次面向社会、对接国家当前发展战略的开放性实践课题。通过这次真题设计，增强了学生综合运用相关知识解决实践问题的能力，设计深度和人文素养均得到了全面提升。作为导师在此过程中也收获良多，使我对环境设计教育与教学改革有了新的认识。

关键词：美丽乡村，毕业设计，设计教育，开放性

Abstract: Four University & Four Tutors is a graduate design practice. Beauty of Countryside is the design theme of this year, which is a open practical topic for the community and is also combined with the construction projects fitting the current national development strategies. The students, completed this design practice, improved their ability in resolving practical problems with their integrated knowledge. Simultaneously, their design level and humanistic quality have been fully upgraded. I, as a tutor, gained a lot during the practice process and I have a new understanding in the area of environment design education and teaching reform.

Keywords: Beauty of Countryside, Graduate Design, Design Education, The Openness

## 一、美丽乡村课题设计的启示

本次"四校四导师"美丽乡村毕业设计，近一学期的时间，我校师生在此过程中均受益匪浅，作为责任导师的我感受良多，学生更是收获颇丰。

毕业设计不仅仅是对学生四年专业学习的检验，更是一个提高独立分析、深入调研和综合运用相关知识解决实际问题能力的重要环节。如何更有效地利用好这段时间，使学生得到更多的收获，毕业设计的形式与选题是至关重要的。

今年我校参加"四校四导师"课题组已经是第三年了，回顾三年来的历程，每年都有不同的感受和收获，每次都有新的认识和各方面的提升。特别是今年的毕业设计选题，确定以"美丽乡村"设计为主题，而且是以真实的项目来做命题，真题真做，这对于本科生和研究生来说都是一次难得的机会。

在我们以往的设计课程或是毕业设计中，选题基本上是以虚题为主，即便是有实题，教师也只是提供给学生宏观的目标、要求，学生在做设计过程中也只能停留在表面的设计创意表现，很难去深入思考和有针对性的解决问题。今年几位导师把自己的设计项目"美丽乡村"设计带到课题组，让大家有了一次真题设计的机会。特别是王铁教授把自己负责设计的河北省石家庄市鹿泉区的项目带给大家，并提供了详尽的资料，还制定了建筑与人居环境"美丽乡村"设计任务书，任务书全面具体地涵盖了十五个方面的内容：一是河北省委关于"美丽乡村"建设总体规划及目标；二是河北省石家庄市鹿泉区政府美丽乡村实施设计依据；三是历史沿革；四是行政区划；五是鹿泉市行政区划一览表；六是美丽乡村项目选址；七是谷家峪村简介；八是谷家峪村基础数据；九是主要街道两侧区域面积；十是优势分析；十一是劣势分析；十二是设计要求；十三是设计重点提示；十四是成果要求；十五是总平面图。

这些内容的涉及，无疑是要求学生建立起宏观立体的思维模式和综合考虑问题的概念，提高整体的设计思维能力。就今年的选题而言，实题比虚题更有针对性，面对真实而具体的目标、要求、背景及现状等因素，需要设计者去协调解决。如何对一个落后的山村现状，按照任务书的总体要求和美丽乡村的规划目标，制定自己的设计

框架，并结合当地的历史及民俗民风等人文资源和物产、风光等自然资源，以及区位、气候、交通等条件，按照自己的审美视角，创造性地完成这一课题的方案设计及表现，这对每一个学生都是一次综合考量。

今年王铁、张月和彭军三位教授还精心安排了全体师生到河北省项目实地考察，并在当地举行了此次毕业设计的开题，王铁教授在开题会上还展示了自己已完成的"美丽乡村"设计案例，为大家树立了一个完整的、具有全新概念的优秀设计样板，使大家对"美丽乡村"的设计有了进一步形象化的认识和明确的方向目标。

本次毕业设计实践教学活动，从选题、开题及中期检查到最后在中央美术学院美术馆落下帷幕，课题组的每一个环节，三位教授可谓用心良苦，为大家创造的学习机会与条件是无可比拟的。

## 二、针对美丽乡村毕业设计课题展开的调研

作为责任导师，为了充分领会课题实质，把握课题的方向，为后续的设计奠定良好的基础，我也和同学们一起展开了课题调研。

1. 国家政策背景

美丽乡村建设既是美丽中国建设的基础和前提，也是推进生态文明建设和提升社会主义新农村建设的新工程、新载体。

党的"十八大"做出了推进生态文明和美丽中国建设的重大的决策部署，中央城镇化工作会议提出了生产空间节约高效生活空间宜居适度，生态空间山清水秀的总体要求。明确提出了"推进绿色发展、循环发展、低碳发展"、"建设美丽中国"的构想。

习近平总书记说，即使将来城镇化达到70%以上，还有四五亿人在农村。农村绝不能成为荒芜的农村、留守的农村、记忆中的故园。城镇化要发展，农业现代化和新农村建设也要发展，同步发展才能相得益彰，要推进城乡一体化发展。他指出中国要强，农业必须强，中国要美农村必须美，中国要富农民必须富。建设社会主义新农村要规划先行，遵循乡村自身发展规律，补农村短板，让农村常驻乡土味道，保留乡村风貌，留住田园香草，要全面改善农村生产生活条件，为农民建设幸福家园和美丽宜居乡村。

乡土文化是乡愁的重要载体，"镶嵌于崇山峻岭中、点缀在阡陌交错间"的传统乡村聚落则是乡土文化的"活化石"。数千年来，古村落代表着中国大多数人的生产生活方式，记载了特定地域社会、经济、文化发展的历史过程，是地域文化、山水文化、民俗文化、建筑文化乃至民族文化的典范之作，也是超越时空、弥足珍贵的物质和非物质文化遗产，创造和传承了代表着中国博大精深传统文明的乡土文明。

全国各省市也投入大量资金响应国家发展战略。仅2016年一年，山东省财政厅下达资金2.76亿元推动生态文明和美丽乡村建设。此外，省财政还安排资金6500万元，用于奖励2015年生态文明乡村建设工作出色的市县。

福建省人民政府办公厅下发《2016年全省宜居环境建设行动计划》，提出2016年实施新一轮"千村整治、百村示范"美丽乡村建设工程，全年全省力争完成年度投资160亿元(其中造福工程60亿元)用于加快美丽乡村建设。

贵州2016年将投入52亿元推进小康寨行动计划，打造美丽乡村。

自2013年河北实施美丽乡村建设以来，全省累计投入资金356亿元，实施建设项目15.09万个，共在9262个村开展了美丽乡村建设，占行政村总数的20%。

2. 国外乡村建设情况

从20世纪30年代开始，西方发达国家对传统农业进行了全面技术改造，完成了从传统农业向现代农业的转变，也形成了"美丽乡村"建设的三种不同模式和路径，即以美国为代表的自然资源丰富型的现代农业，以日本为代表的自然资源短缺型的高价现代农业，以荷兰为代表的自然资源短缺型的效益农业。

（1）日本的"乡村建设"

到目前为止，日本已经实施了多次新村建设计划。20世纪50～60年代是基本的乡村物质环境改造阶段，主要是改善农业的生产环境。20世纪60～70年代是传统农业的现代化改造和提升发展阶段，主要是调整农业的产品结构，满足城市农产品的大量需求。其中，20世纪70年代末，日本推行了"造村运动"，强调对乡村资源的综合化和高效益开发，以创造乡村的独特魅力和地方优势。与前两次不同的是，"造村运动"的着力点是培植乡村的产业特色、人文魅力和内生动力，对后工业化时期日本乡村的振兴发展产生深远影响，也彻底改变了日本乡村的产业结构、市场竞争力和地方吸引力。经过了30多年的锤炼，日本探索出一套乡村建设的经验，认为地方的活化，必须从盘点自己的资源做起；只要针对特色资源好好运用、发展，就可以让乡村焕发活力。

(2) 韩国的"新村运动"

韩国国土以丘陵、山地居多，耕地占国土面积的22%。20世纪60年代的韩国农业落后，城乡差距较大。为改变农村的落后面貌，1970年朴正熙政府开始倡导"新村运动"，把实施"工农业均衡发展"放在国民经济建设的首要地位。到目前为止，韩国的新村运动也可划分为3个时期。20世纪70年代，主要目标是改善落后的农民生活生产条件和基础硬件设施。20世纪80年代，主要目标是调整农业结构增加农民收入，进一步缩小城乡差距。1991年至今，以促进城乡的广泛一体化发展为目标。韩国的"新村运动"以扩张道路、架设桥梁、整理农地、开发农业用水等作为农村基础设施建设的重点，政府适时倡导发展养蚕、养蜂、养鱼、栽植果树、发展畜牧等特色产业，开辟出城郊集约型现代农业区、平原立体型精品农业区、山区观光型特色农业区，极大地拓展了农民增收的渠道。

(3) 德国的"村庄更新"

德国农业发展水平位居世界前列。第二次世界大战后德国的"村庄更新"始于20世纪50年代早期，当时德国的城镇化水平已经达到60%左右。乡村更新的主要目标是改善乡村土地结构过于分散，影响农业的现代化，其中的一个重要手段是农地整合。20世纪70~80年代，德国基本实现农业现代化。这一时期村庄更新开始审视村庄的原有形态和村中建筑，重视村内道路的布置和对外交通的合理规划，关注村庄的生态环境和地方文化，并且强调农村是有着自身特色和发展潜力的村落，而不再是城市的复制品。进入20世纪90年代，农村建设融入了可持续发展的理念，开始注重生态价值、文化价值、旅游价值、休闲价值与经济价值的结合。

(4) 荷兰的"农地整合"

荷兰全境为低地，1/5土地属于围海造田。20世纪50年代荷兰的城镇化水平就超过了80%，城乡的人口矛盾并不突出。20世纪60年代由于经济好转，城市地区得到长足发展，大批的城镇居民开始迁往都市乡村。第二次世界大战后荷兰城镇化面临如何在都市区化过程中保护周边乡村农地经营的规模化和完整性，以实现农业的结构调整的重大课题。因此，"农地整合"一直是荷兰解决农村、农业发展问题的核心工具。"荷兰农地整合"是将土地整理、复垦与水资源管理等进行统一规划和整治，以提高农地利用效率，几乎所有的农村建设和农业开发项目都要依托土地整理而进行。荷兰还在推进可持续发展的农业，推进乡村经济的多样化、乡村旅游和休闲服务业的发展，改善乡村生活质量等方面做了积极有效的工作。

作为课题组成员，要做好此次"美丽乡村"课题设计，对国内外乡村建设情况及成功案例做全面的调研，对我国当前国家发展战略、政策及对美丽乡村建设的总体目标必须有全面的了解，这是做好美丽乡村设计项目的重要前提。

## 三、对当前设计教育的反思

参加"四校四导师"课题组是一个教学相长的过程。通过本次毕业设计过程，使我对当前的设计教育有了许多新的认识，也发现了教学中存在的某些弊端。随着我国经济社会的发展，市场竞争的加剧，对设计人才的要求也日渐提高。反观我们的人才培养是否跟上了市场发展的步伐，这有待于我们深入的思考。通过本次的课程指导，让我们感到设计教学应该在开放性、实践性及研究性等方面进一步加强。

### 1. 设计教育的开放性

通常的环境设计教学往往侧重于通过空间类型分析、理解和训练来完成设计教学，这样容易导致形式表现成为设计教学的主要内容和评价标准，而在问题思考和方法学习上缺乏理解。我们应当借鉴国际通行的设计训练模式，强调设计的深度和目标，即所谓"全过程"的设计训练。强调项目分析、方案设计、设计深化和实施技术上的整合训练。环境设计题目应选择具有限制性的设计条件和真实课题，有利于学生正确地分析和应对。通过功能综合、环境因素综合、构造技术综合以及开始要求对城市、社会、文化因素的思考，培养学生较全面的设计思维能力。高年级的课程以及研究生的教育应多面向社会，紧密结合国家发展战略和区域经济社会的建设，面对城市发展和乡村建设的主战场。结合当前城市与乡村建设的现状与问题，参与到个案的项目设计中；也可以通过校企联合，获得真题真做或者假做的机会；也可以以团队形式循序渐进地对接城市环境建设项目。这样使高校的人才培养与社会需求产生良好的互动，这方面国外的院校做得比我们要好。

### 2. 设计教育的实践性

在每次毕业设计的指导过程中，发现最突出的问题是学生的"建构"意识差，"技术"层面的知识匮乏，这些问题的普遍性反映出了我们当前设计教育的缺憾。比如在建筑学学科中，"建筑设计"和"建筑技术"是两门重要的核心课程，而且现在国内外的许多建筑学科，又提倡将建筑设计与建筑技术课程穿插融合进行，技术贯穿于整个过程。而我们的环境设计学科，恰恰是忽略了技术课程的重要性，或者有些培养方案里根本就没有这类课程，只是拿一些专业基础课来代替。学生这方面的知识是空缺或者是少得可怜。

除此之外，我们的设计教学对于设计规范没有足够的重视，不懂规范的设计作品，只是表面的华丽，某种情况下看似影响不到空间的效果，但容易出现硬伤。

环境设计的技术不是割裂于环境设计之外，而是应该很好地融合在一起的，让技术贯穿在设计的过程中，为设计提供分析方法和造型手段，设计的发展也依赖于技术的革新与进步，并为技术的创新提供了舞台。

环境设计的部分课程应围绕培养学生的"建造"意识来展开，从为何建造、怎样建造，到真正的实施建造，技术与设计的整合一直贯穿到设计的实施。无论是"从理论到实践"还是"从实践到实践"，强调技术与环境设计整合的关键点与落脚点都基于"实践"。

3. 设计教育的研究性

近年来，环境设计教育的人才培养与教学模式的改革是业界持续关注的问题。如何培养学生的创新意识和探索精神；建立独立思考与批判性思维；培养学生发现问题、研究问题和解决问题的能力；提高学生学习的主观能动性，研究性教学模式的推行或许是一个有效的途径。

环境设计是一个综合人文与科技、艺术与技术等诸多领域的知识，即综合又交叉渗透的学科。现有的教学方法与教学模式已难以承担创新性人才培养的任务。教师课上一言堂的传授知识，学生静态的知识信息接收，以及模式化的辅导，已不适应现代环境设计人才培养的特点。研究性教学模式提倡课题的分析调研、理论探寻、研讨交流、汇报点评等交互式进行，启发学生自主探寻知识，研究性学习。在研究中积累知识、培养能力和锻炼思维。

研究性教学的推行，一是要更新教育教学观念，明确人才培养的目标定位。二是营造开放、宽松和互动的教育环境与氛围。三是创造良好的实践教学条件，提供图书阅览、电子信息查阅等便利。四是创建工作室制，教师将科研与教学密切结合，让学生参与其中，使科研真正服务于教学。五是加强人才培养方案中课程间的连贯性和有机联系，将理论与实践融会贯通。六是学生需要转变学习方式，变被动式积累为主动探寻与研究式学习，倡导创新能力与个性张扬。

**参考文献**

[1] 张壬午.倡导生态农业建设美丽乡村[J].农业环境与发展，2013(01):5-9.
[2] 黄杉，武前波，潘聪林.国外乡村发展经验与浙江省"美丽乡村"建设探析[J].华中建筑，2013(05):144-149.
[3] 黄靖，徐燊，刘晖.建筑设计与建筑技术的整合——英美建筑教育的举例剖析及其启示[J].新建筑，2014(01):144-147.
[4] 王莹.环境设计课程研究性教学模式初探[J].美术教育研究，2015(02):134-135.
[5] 李浩源，高丹.美丽中国战略从美丽乡村做起[N].国际商报，2016-6-28(B4).
[6] 美丽乡村博鳌国际峰会2016年年会圆满落幕[N].新浪财经，2016-6-27.

# 思维能力与艺术设计人才培养
The Cultivation of Professional Talents of Mathematical Thinking Ability and Art

吉林艺术学院 设计学院　于冬波 副教授
Jilin Arts Institute of China, Academy of Design, Prof. Yu Dongbo

摘要：2016年"四校四导师"环境设计专业设计实践教学课题以建筑与人居环境"美丽乡村"设计为主题，这是一个复杂而又综合性极强的实践教学课题，涵盖了产业经济、生态环境、人居环境、文化生活等各个方面。通过参与该教学活动，结合我校学生辅导过程及参与院校四次汇报实践过程，认真发现和总结教学过程中出现的问题和不足，提出以数理思维能力培养融入专业人才的培养模式，为探索系统性的教学方法提供新思路。

关键词：实践教学，数理思维，培养模式，教学方法

Abstract: "4&4 Workshop" 2016 mentor environmental design professional design practice teaching subjects in architecture and environment design "beautiful country" as the theme, this is a complicated and highly integrated practice teaching of the subject, covers the industry economic, ecological environment, living environment and cultural life. Through participation in the teaching activities, combined with the students in our school counseling process and report four times in the practice process, carefully find and summarize the problems and shortcomings in the teaching process, and put forward by mathematical thinking ability training into professional talents cultivation model, to explore the systematic teaching method provide a new way of thinking.

Keywords: Practice teaching, Mathematical thought, Training patterns, Teaching method

2016年"四校四导师"课题自2015年12月19日在青岛开题，历时6个月，学生经过4次汇报，受到了来自高校专家教授和实践导师的双向指导，于6月20日圆满结束。今年的实践课题拓展了新的主题，以建筑与人居环境为主旨，在美丽乡村规划、景观设计及民居改造等方向都进行了深入探讨，实现了从理论到实践教学模式的新跨越。

## 一、2016四校四导师实验课题特色

### 1. 选题紧扣时代主题

国家大力倡导美丽乡村建设，并于2014年编制了《美丽乡村建设指南》。美丽乡村是新农村建设的升级版，要充分强调以人为本，体现科学发展观的要求。形成"五位一体"为主要建设内容，以"规划布局科学、村容整洁、生产发展、乡土文明、管理民主、宜居、宜业、可持续发展"为美丽乡村的主要创建目标。实验课题以几个美丽乡村为设计选题，使各校老师和学生能够主动把握国家发展动向，面对农村出现的各种新问题，如：大量农民进城务工，家里只剩下老人和儿童，农村空心化现象严重；农村环境污染；人与自然和谐发展问题等。对于美丽乡村建设，设计应彰显各乡村自己的特色，应按照乡村的自然禀赋、历史传统和未来发展的要求，发挥自身优势，挖掘深度底蕴，最大限度地保留原汁原味的乡村文化和乡土特色。选题复杂程度较高，涵盖了产业经济、生态环境、人居环境、文化生活等各个方面，对艺术类本科毕业生无疑是一次全新的挑战。如何处理乡村与城市的关系，乡村不是城市的复制品，更不能一成不变地延续旧的形式和方法。特别是中央美术学院王铁老师率先垂范，应邀为河北承德兴隆县郭家庄整体规划设计，为全体学生打开设计思路起到了一个很好的示范作用。

### 2. 实地调研得到政府的大力支持

实地调研是设计人员收集第一手资料的调查过程。踏查内容包含设计范围的现状地形图；对设计范围内必须受保护的古建筑、有年代记忆的水井等要查询；听取当地政府和老百姓对设计项目的功能和使用上的意见和要求；周围地形、地貌及新老建筑物的关系；了解当地的建材情况；污水、雨水排放情况，现有绿化种植情况；了解当

地的历史、现状、周边环境、村庄的入口、道路、主要人群、不同人群在不同实践活动分析等。所有参加课题的师生都亲自到现场进行了实地踏查，包括在农村进行街访、在居民家里面对面访问、与当地政府及规划部门座谈等等。对政府相关部门的政策和法规的认真解读是设计项目能够落地的前提和基础。

### 3. 提升培养目标的理论研究能力

"四校四导师"实验课题走过8年的实践历程，历来秉承以培养优秀学生为目的。今年参与院校共有4所核心院校，4所基础院校，4所知名院校及国外匈牙利佩奇大学总共16所高等院校、56学生参与。

中国高等教育法第5条明确规定："高等教育的任务是培养具有创新精神和实践能力的高素质人才。"培养高素质的设计人才不能沿袭传统的以追求理论知识传授、轻实践能力培养的僵化的教学体系，而需构建与社会现实需求相结合的具有扎实的理论研究基础、较强的实践能力和创新精神的新型教学体系。实验课题中佩奇大学的学生分析问题、解决问题的过程与结果展示就更说明了理论研究能力的重要性。

## 二、专业人才培养存在的问题

### 1. 知识缺乏逻辑性

如何从前期调研的宏观的方向性概念转化为可操作的具体设计实践，是学生一直孜孜不倦追求的重要问题。这就涉及在设计师头脑中要呈现清晰的系统性和逻辑性，作为理性思维，其特点在于逻辑性强，强调思辨性。而现代设计它不同于纯艺术的最大之处就在于，它是一门综合了现代视知觉心理学、色彩学、传播学、符号学、现象学、社会学等很多现代学科的科学。而这些科学的发展基础都是缘于现代逻辑学。一位设计师在运用理性思维的时候，在他设计之前肯定受到某种需要、目的或精神趋向的限制和驱使，这就需要运用一定的逻辑思维对各类相关因素进行充分理性的分析，从而力求在设计过程中体现这种需要、目的或精神。大部分的同学的创意来源都是简单的从形式到形式、从符号到符号的演变。我国设计行业长期原创性探索不足，也许和研究者学科背景单一密切相关。

### 2. 对建筑认知不足

不论是规划设计、景观设计还是室内设计，总归离不开建筑这个实体。现代建筑由理性和形式逻辑的分析方式构成。不论建筑的空间体量和尺度、空间的区域划分，还是建筑的造型处理，都走上了科学的轨道。同时，结构分析已经通过科学的模型建立及实验走向理性。对建筑功能的重要性理解薄弱，导致设计的建筑只是满足形式的美观，根本没有考虑到人的需求，技术的合理，设备的使用等。不清楚建筑平面设计、立面设计及剖面设计的概念、包含的内容、设计的意义及作用。

### 3. 设计规范需强化

《建筑设计规范》是"工程建设常用规范选编"之一。建筑设计规范技术部分主要包括：建筑物按用途和构造的分类分级；各类（级）建筑物的允许使用负荷、建筑面积、高度和层数的限制等；防火和疏散，有关建筑构造的要求、材料、供暖、通风、照明、给水排水、消防、电梯、通信、动力等的基本要求（这部分通常另有专业规范）；某些特殊和专门的规定。学习并掌握规范的内容，有助于缩短学校教学与实际工程的距离，有利于课程设计与实际工作的接轨。但是设计规范本身内容枯燥，条条框框太多，与实际生活联系得不显著，学生掌握起来比较费劲。所以，需要打破死记硬背的学习方式，让学生了解其重要性，在每门课程的学习中融入感性的、联系实际的方式，引领学生自主学习，培养学生的独立精神。

### 4. 缺乏科学的评价机制

用定性方式明确美丽乡村的建设内容、总体原则和基本要求，就美丽乡村的设计给予方向性指导，已预留乡村发展的自由空间，适应不同村庄的发展情况，使美丽乡村建设更明晰，并对相应的建设内容提出具体的技术依据；而对生态环境、安全等基本的指标及重要特征项目进行量化，统一规范。麦克哈格在《设计结合自然》一书中，专门设计了一套指标去衡量自然环境因素的价值及它与城市发展的相关性。这些价值包括物理、生物、人类、社会和经济等方面的价值。每一块土地都可以用这些价值指标来评估，这就是著名的价值组合图评估法。凯文·林奇的《基地规划》一书中，系统地阐述了基地分析理论及方法。他提出的整套方法、技术和分析过程，涉及社会、文化、心理、自然、形体等广泛的文脉要素。公平、公正、客观的评价是学生深入研究科学体系中重要的支撑环节。

## 三、数理思维的融入

### 1. 加大理工科课程的投入

艺术设计教育经历30多年的发展，已在不同类的院校开设艺术设计专业。每个学校的这个专业学科侧重点都各不相同。现代教育的发展及研究领域的拓宽，艺术设计学科、自然学科和人文学科相交叉、相融合的特征越来越明显，成为多学科综合知识的集结，因此拘泥于课堂常规教学形式必然无法满足实际需要。在课程设置上除了专业理论课程的教学，还要增加工科知识的授课时间。目前艺术设计专业分别开设在艺术院校、综合性院校以及工科院校。学校生源一般以文科生为主，理科知识薄弱，所以在教学上单一以工科院校的培养模式去讲授知识，学生的接受度和领悟能力有限，空间的思维能力短板，这也是为什么大多数的学生不愿意从平面图入手去做设计，而是先建立模型，然后根据模型的立体效果去推敲设计形式的美观与否，再倒推至平面图，剖面图的设计就更是一头雾水了。修订系统设计实验与分析课程教学框架，将场地人文特征、地质地貌、植被材料、交通功能、艺术风格等多层面的科学调查与分析方法细化，设计不同课程的调查表格与评价标准，对不同层面的数据制定具有针对性的分析方法，并将其作为教学过程的主体框架。基于学生的感性认识，教师在讲课过程中应以直观的案例教学为主，选择经典案例和行业最新研究动态，结合实际项目，进行数理的思维训练，一步一步导入设计理论、方法，培养学生工学意识，通过各个教育环节，各个学科专业的交流互动来强化设计教育，培养出综合素质高的设计人才。

### 2. 更新教师的知识结构

著名科学家钱学森教授将现代科学分为社会科学、自然科学、数学科学、系统科学、思维科学、人体科学、军事科学、文艺理论及行为科学共计九个门类。各个学科在发展过程中相互渗透、相互交叉、相互结合。这就要求教师的知识能力既要学有所长，又要博学多才。

教师在学科性知识方面，不仅要掌握本专业学科的知识、发展历史和趋势，也要了解其他相关学科的知识点和联系。增加知识水平需要学校增加跨学科专业化培训；走出校门，接受新知识、新技能的培训，掌握专业学科新知识、新技能和新的发展方向；教师不间断地主动学习；多参与国内外行业交流活动，多总结、多反思；参与各项实践项目，与不同专业的人打交道。跨学科研究的普及化和深入化，有利于拓宽单一研究教师的研究视野，推动城市规划、建筑设计、景观规划与设计、室内设计，以及与其他经济、社会、环境等相关学科及跨学科的协同发展。

### 3. 嵌入设计实践教学环节

工学结合的艺术设计教学模式早在近一个世纪前的包豪斯学院就已经确立了，作为世界上第一所完全为发展设计教育而建立的学院，包豪斯奠定的教学思想对现代设计有着重要影响。第一任校长格罗皮乌斯在当时就提出建立艺术家、工业企业家、技术人员的合作关系，而不是分隔的关系，同时，他还提倡在新的学校中加强学生和企业之间的联系，使学生的作业同时也是企业的项目和产品。如今，距格罗皮乌斯提出教学理念之时已相隔近百年，随着社会的不断进步，设计教学在世界各地得到了不同程度的发展。但就我国的现状来讲，由于一部分院校在师资力量薄弱、教学设施不完善、办学条件不成熟的情况下就开始增设艺术设计专业，导致专业课程的教学基本停留在理论教学层面上，实践教学与学生的操作技能都相对薄弱。如今这个问题已得到广泛重视，"工学结合，校企合作"教学模式改革已在各校纷纷试用。每学期可以固定安排学生的实践学习时间和目标，让学生走入工作岗位，参与到实习单位的项目设计、施工及管理过程，发现自己在学校学习过程所存在的问题和不足，回校后可以有目的性地学习欠缺的知识，培养自主学习、独立思考，将所学知识进行归纳整理、综合运用。通过实践教学活动，学生也勇于表达自己的思想，与人交流，能够直面挫折，锤炼毅力，增强自信心。为避免实习流于形式，学校要与相关知名企业建立合作基地，教师也要与实习企业项目挂钩，做到与学生共同参与，这样学生可以得到双方面的指导和监督。

## 四、结语

现代乡村规划、建筑景观设计以及室内设计，设计的重点不在于如何画效果图，不在于画出的效果图色彩如何、视角如何、是否好看，而是要体现和表达出创意：与周边环境是如何结合的；空间是如何利用的，为什么这样利用；气候、朝向、采光、照明，以及空气流通等问题如何解决，为什么要这样解决等。这些问题都属于科学问题，而不是艺术问题。艺术设计教育缺少了与科学相关的结合将是一个极其愚蠢的做法。设计和工程、手艺和技术劳动都是我们为了产生想要的结果,也就是为了提高人类的生活质量所必需的。无论我们认为艺术和科学是各自为政还是迥然不同的,它们都在相互影响着并且都促进着各自的进步。"四校四导师"实验课题为我们提供了这样一个交流、互动、提升的平台,通过学习知识的深度、广度和高度,让学生成为有造诣的人。同时,实验课题也为我们其他各高校解决教学中对设计的思考,教育中对人才的培养指明了方向。未来,我们应时刻思考着一个更为深刻的问题:我们的使命是什么?

参考文献
[1] 李丽颖,李海涛."美丽中国"从乡村起步[N].农民日报,2013.
[2] 刘鸥.对理性与感性在设计中的认识[J].工业设计,2011.
[3] 建筑设计规范[EB/OL].http://8.80008.cn/80008/316/416/2007/20070719143570.
[4] 叶红英.小城镇城市设计方法研究[D].长春:东北师范大学,2007.
[5] 陈瑜,高博.艺术设计教育也要加点"数理化"[N].科技日报,2010.
[6] 王铁.广义空间维度[M]//再接再厉　2015创基金·四校四导师·实验教学课题.北京:中国建筑工业出版社,2015.
[7] 李蔫韦,陈豫.职院校中艺术设计专业人才的培养机制探索[J].文教资料,2009.
[8] 美丽乡村标准支撑——我省发布全国首个《美丽乡村建设规范》地方标准[J].政策瞭望,2014.

# 实践教学启发
## 2016创基金（四校四导师）课题的教学思考
The Inspiration of the Practical Teaching

青岛理工大学艺术学院　谭大珂教授
Qingdao Technological University, Academy of Arts, Prof. Tan Dake

　　摘要：环境艺术设计作为一个多领域交叉的应用型学科，是随着我国市场经济发展逐步发展起来的。针对目前教育教学现状、特点，转换新思维，探索构建跨学科、符合时代需求的教育模式与教学控制体系，以提高人才质量，实现社会资源的优化配置。
　　关键词：设计表面化，教育模式改革，教学控制体系

　　设计教育的根本任务是培养设计人才，学习的质量不取决于专业，而是取决于获得知识的方法与能力，设计教学不仅仅是授予学生基本的设计方法、技术、工艺、材料等的应用，更重要的是培养学生的设计思维能力、创新能力。大学教育既是学生积累与沉淀基础知识的过程，也是不断探索与社会实践对接的过程。这一切，即是2016创基金（四校四导师）4×4课题实验教学的特征与目标。

一、关于环境艺术设计教育
　　环境艺术设计教学在中国经历了半个多世纪的发展，1956年中央工艺美术学院建立国内第一个"室内装饰系"。随20世纪80年代改革开放的深入与市场经济的开启，环境艺术设计专业在城市发展的刚性需求下进入全面发展阶段。这种爆发式的发展，导致了环境艺术设计教育规模与专业范围的急速扩张。此种扩张速度，是薄弱的环境设计教学体系无法承载的。学科与规模的发展使整个教学体系几乎没有时间去审视专业历史与城市现状，以致其在发展过程中鱼目混珠，泥沙俱下。这是一种无奈，这种无奈是城市建设的现状、设计实践的现状，同时也是环境设计教学体系建设的现状。

二、创基金（四校四导师）4×4实验课题教学启发
　　包豪斯（Bauhaus）作为一种设计教育体系被誉为"现代设计的摇篮"，其倡导艺术与技术相统一的设计思想，确立了与工业化时代相适应的美学观念，成为包豪斯教育理念的中心精神，也是今天现代设计院校的设计教学构架基础，对推进当今设计教育教学的改革同样有重要的现实意义。避免设计的"表面化"，是创基金（四校四导师）4×4课题实验教学启发的一个重要方面，这让我们在开放、合作的过程中重新审视了环境艺术教育学的基本内涵。环境艺术设计是一门应用性强、多学科交叉的专业，其最本质的美学意义在于为人提供良性、优化的活动、生活空间，它要求环境设计符合人类的生理特征与行为习惯、满足生理与心理需求。在这个前提下，课题背景中的环境艺术设计始终是技术、艺术、文化、功能的统一体，课题目标不仅仅是对视觉与功能表象的追求，更是理性思维、文化传承的科学结合，这让我们与设计的"表面化"保持了足够的距离。
　　课题实践活动中，中国最优秀的教授、工程师、青年教学骨干以全新的视角始终关注着学生与课题。与其说是教学不如说是交流，设计是一个年轻又富有朝气的行业，它总是紧随时代的步伐，参加课题的学生让我们看到了更多。顺应时代，转变传统教学思维模式成为实践课题的潜台词。环境艺术设计教育的最终目的，是使学生具备解决实际问题的能力，这就要求在教学过程中把提高学生的专业综合素质作为教学方向，将传统教学模式转变为开放式办学模式。这个过程，是科学、历史、社会、城市、自然与人群的并行，这种并行的思维方式，导致了对教学内容、教学方法的探索与更新。除此以外，2016创基金（四校四导师）4×4课题实验教学紧紧把握着中国社会发展政策要求，以建筑与人居环境"美丽乡村"为研究设计课题，引导学生关注社会问题，重视实地调研，加

强了自我社会职责的认知。通过开题、中期、结题等四次汇报与跨地域研究，使环境设计专业教学共享建筑设计、景观设计、室内设计三个专业方向，是环境艺术设计开放式教学的重要尝试。课题将设计资源、教学资源与社会资源合理配置，真正建立了教学、科研、创新、实践四位一体的环境设计创新教育教学模式。而这一切，却几乎是完全建立在责任与理想主义基础之上的。

　　课题中的另一项重要收获，关乎于建筑学课程在环境艺术教育中的作用与意义。这时另一个重任，始终无法回避。我国现在沿袭的西学体制反映在建筑学教育上是传统的"巴黎艺术学院"体制，这一延续了三百多年的体制对于欧美国家的建筑教育影响深远，其在教学设置上十分注重突出设计的主导地位，认为指导建筑设计创作实践是建筑学的最终目的。环境设计，严格意义上说是建筑设计的延伸。环境设计专业与建筑学专业教育内容的交叉非常广泛，几乎涉及建筑工程的所有领域，包括建筑构造、建筑物理、建筑材料、建筑设备、建筑法规等诸多方面，在实施过程中也需要与结构师、水电工程师、暖通工程师、施工方等协作进行，这是无法回避的现状，也是大多数环境设计的从业人员始料未及的。环境艺术设计教育依据其专业特点、知识结构、社会需求所构建的教育体系，同建筑学学科教育一样需要全方位地构建建筑综合能力与知识背景。这一切决定了环境设计专业在教学内容上确立建筑学相关课程为基础模块是刚性需求。以建筑设计初步等建筑基础知识为主，辅以建筑技术等相关课程的模块注入，是环境艺术设计课程内涵建设的核心环节。

　　在重新解读这一系列课程内涵建设的前提下，完善环境设计教学控制体系成为当前专业建设的重要目标。目前，环境艺术设计还处在不断发展的阶段，尚未形成完整的理论和评价体系。2016创基金（四校四导师）4×4课题实验教学过程让我们认识到，环境艺术设计的教学，必须采用一定的技术手段，对教学中的各个环节进行收集、整理和分析，以发现包括课程大纲、教学计划、教学方法、学生作业等方面存在的核心问题，寻求解决教学目标与教学成果之间的偏差。通过环境艺术设计教学评价控制体系的建设，在教学过程中得到反馈信息，为教师与学生的教与学提供可调整的依据。"四校四导师"的教学经验告诉我们，在每一个教学环节中，教学评价系统是至关重要的总结，也是新一轮教学活动的起点，教师依据问题有针对性地修改教学计划、教学方法，学生也可以总结学习策略，改进学习方法，教师与学生相互沟通共同完成教与学的过程。环境艺术设计教学控制体系是将教学过程不断完善的一种手段，但我们应注意的是要注意评价指标的多元化。每所院校的环境艺术设计的专业特色是多元的，我们不应该把评价控制体系的标准整齐划一。教学的评价与控制标准应依据教学特色与自身实际进行标准的设置与调整。这样，环境艺术设计教学就可以形成一个动态调整的可控系统，使教学成果更加接近我们的教学目标。

## 三、结语

　　环境艺术设计在我国的专业发展空间是广阔的，"四校四导师"课题实验教学经历八载的成长，积累了丰富的教学经验，也发现了教学过程、教学模式中的诸多问题。"四校四导师"课题实验教学始终围绕"教与学"，在完善教育教学模式的道路上探索前进。八年间，为专业与学子们搭建了广泛的交流空间，对教学资源的配置方式和条件组合进行了卓有成效的改革。通过深入的内涵建设，努力构建了跨学科、跨平台的交叉培养模式，这种模式产生了显著的综合效应。相信这无数个充满激情与理想的日日夜夜，对于你、我、他，以及中国环境艺术设计教育改革产生了重要而深远的影响。

　　垂柳小桥，纸窗竹屋，门内有径，墙内有松。亭后有竹，竹尽有室，日暮乃归，不知马蹄为何物……

# 过程控制
## 2016创基金4×4（四校四导师）实验教学课题的过程教学研究
Process Control
Research about The teaching Process During the 2016 China University Union "Four-Four" Workshop

四川美术学院 设计艺术学院　赵宇副教授
Sichuan Fine Arts Institute, Academy of Arts & Design Prof.Zhao Yu

摘要：教学"过程"是设计人才培养的重要途径。如何制定优化的教学"过程控制"计划，并在执行过程中运用和遵循计划，有效进行教学过程的正确掌握，把设计教学置于有目标、有方法、有过程、有成果的良性管控，使参与教学的学生获得更快的成长，是教师需要认真思考和不懈实践的任务。

关键词：毕业设计，过程控制，教学研究。

Abstract: Teaching "process" is an important way to cultivate talents. How to develop the optimal teaching processcontrol plan, and follow the plan to use in the implementation process, effectively grasp the teaching process, the architecture design teaching in benign target, method, process and results, to participate in teaching students grow faster, teachers need to consider carefully and unremitting practice task.

Keywords: Graduation Design, Process Control, Teaching Research

引言

设计教学是一个系统工程，主体是参与过程的人——教师与学生，涉及的内容非常庞大，从参与者的个人素质到设计的社会学知识，都与教学的结果产生着密切的联系，左右着教学最终效能的发挥。检验教学结果的标尺是什么呢？就是毕业的课题设计。这是对本科四年教学的全面总结，从中可以反映出教学过程的基本面貌和师生对大学教育的认知以及对专业技能的运用。因此，毕业设计是高校设计教学特别重要的一个环节。

"四校四导师"实验教学课题的毕业设计教学，为环境艺术设计专业毕业设计教学提供了充分交流与合作的平台，其四个环节的教学控制——开题报告与教学指导、第一次中期汇报与教学指导、第二次中期汇报与教学指导以及结题报告及评奖颁奖，对梳理各参与单位的教学思路、检验和完善学生的系统知识、提升学生的设计应对能力，都具有非常直接的作用。

这四个过程，正是实验教学的精华，它将教学的过程控制以预设的程序予以固定，通过程序的严格完成来实现毕业设计教学的质量控制，从而达到检验环境艺术设计专业教学效果、提升整体教学水平的目标，具有明显的逻辑优势和操作可能，十分值得总结。

一、过程控制的概念解释

过程控制是组合词，过程，事情进行或事物发展所经过的程序；控制，掌握住对象不使任意活动或超出范围，或使其按控制者的意愿活动。组成词组"过程控制"后，其意义发生很大变化，成为一种管理学科的专用名称，它的基本释义为：通过事先编制的固定程序实现的自动控制，广泛应用于控制各种生产和工艺加工过程，在生产过程中及时地收集、检测数据，并按某种标准状态或最佳值进行控制，以达到提高生产效率，减轻劳动强度，节省劳力、原材料和能源的目的。"过程控制"已成为计算机应用的一个领域。

实际上，"过程控制"对于事物的既定运行有着至关重要的意义，早已在生产建设、军事战争、文化艺术、行政理政等方面发挥着重要作用。明代宋应星在《天工开物》中，就对中国古代生产匠作的工艺技术做过系统的过程定义，成为指导行业运行的标准模型。如"陶埏"篇中，对陶、瓦、砖、罂瓮、白瓷等涉及陶、瓷的制作工艺进行了详细的制作定义,"凡埏泥造砖,亦掘地验辨土色……汲水滋土,人逐数牛错趾,踏成稠泥。然后填满木框之中,铁线弓戛平其面,而成坯形。"这里,宋应星将制砖第一步工序——泥坯的制作过程作了清晰简洁的规定,并配图加以说明(图1)。今天,"过程控制"观念已在各行业得到充分的理解与有效的应用,为提高工作效率、控制成果质量、建立机制标准作出了突出的贡献。运用"过程控制"理念对事物进行有效掌握,使其按预订的目标发展,获得最大的效益,成为一种通常的知识(图2、图3)。

图1　泥造砖坯
(来源:明代宋应星《天工开物》)

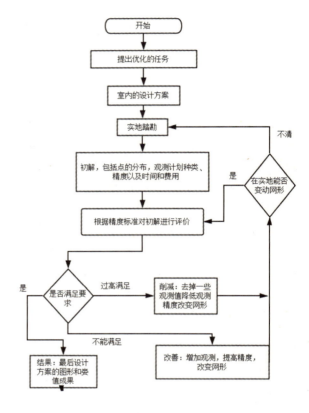

图2　设计工作过程控制图
(来源:网络,https://www.processon.com/view/537d76660cf27549ed300236)

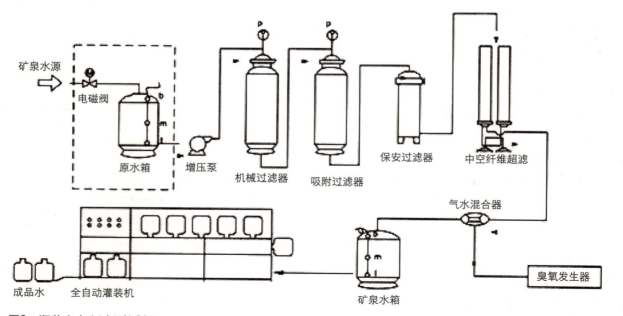

图3　瓶装水生产过程控制图
(来源:网络,http://www.foodmate.net/4images/1/41930.html)

## 二、环境设计专业毕业设计的过程控制模型

任何行业的正常运行都离不开对运行过程的有效管理,这就是"过程控制"。环境艺术设计专业的教学同样体现了"过程控制"模式的要点。

高校环境艺术设计的专业教学过程主要由艺术设计基础、专业设计基础、专业设计理论与历史、专题设计、专业实践和毕业设计这六大板块构成,通过板块之间的有机联系和相互衔接,形成一套完整的教学过程控制模型,促成环境艺术设计教学逻辑关系的确立,以此指导从学生遴选、培养计划制定、教学体系建设、课程教学实施、教学质量管理、教学成果验收以及学生毕业就业等专业培养过程的管控执行,成为专业教学的重要依据(表1、表2)。

"过程控制"是一个完整的管理体系,课程教学则是完成培养体系过程中最为关键的环节,由此形成贯穿人才培养总体"过程控制"的节点"过程控制"。恰恰是这些知识节点的有序注入,使环境艺术设计的教学成为独立于建筑与艺术之间的特色学科。教学环节的"过程控制"同样需要建立具有课程知识要点的"过程控制"模型,通常以课程教学计划的形式进行固定,并在教学过程中执行,用以控制教学的内容、进程、质量与结果(图4)。

对环境艺术设计专业来说,毕业设计教学的重要性不言而喻,它是本科四年教学成果的全面总结,毕业设计通过对专业话题的关注、研究、理解和解决各种问题,使学生实现从在校学习到工作岗位的顺利过渡,因此,毕业设计被倾注了更多的情感与关注,如何将这一教学过程高效务实的完成,成为师生共同探究的热点。

毕业设计教学"过程控制"的特征,与前述节点课程教学的"过程控制"模型相似,需要完整而合理的规划设计,并将其固定为"过程控制"模型。这种模型,是教学过程参与者全面长远的设计计划,是未来整套行动的方案,主要包括确定毕业设计选题、制定针对选题的实施计划(毕业设计开题)、毕业设计过程的控制节点以及设计成果的呈现与总结等四个部分。

**四川美术学院环境设计本科主要专业课程计划表(景观方向)** 表1

环境设计专业本科主要专业课程进度计划表(景观方向)

| 课程类别 | 课程代码 | 课程名称 | 学分数 | 总学时 | 课堂教学 | 实践教学或其他形式 | 一 上期 16周 | 一 下期 18周 | 二 上期 18周 | 二 下期 18周 | 三 上期 18周 | 三 下期 19周 | 四 上期 19周 | 四 下期 18周 |
|---|---|---|---|---|---|---|---|---|---|---|---|---|---|---|
| 专业课 31% | | 人机工程学 | 1.5 | 32 | 32 | | | | 2×16 | | | | | |
| | | 景观建筑设计基础(主导课程1) | 4 | 74 | 74 | | | | 2×16+7×6 | | | | | |
| | | 建筑模型制作与工艺 | 2.5 | 50 | 20 | 30 | | | 5×10 | | | | | |
| | | 建筑设计史 | 1.5 | 32 | 32 | | | | | 2×16 | | | | |
| | | 景观场地规划 | 3 | 64 | 64 | | | | | 4×16 | | | | |
| | | 设计思维方法与表达 | 2 | 48 | 48 | | | | | 3×16 | | | | |
| | | 居住环境景观设计(主导课程2) | 4 | 72 | 72 | | | | | 3×16+4×6 | | | | |
| | | 园林植栽设计 | 2 | 40 | 40 | | | | | 4×10 | | | | |
| | | 景观材料学基础 | 2 | 48 | 48 | | | | | | 3×16 | | | |
| | | 城市环境景观设计(主导课程3) | 4 | 78 | 78 | | | | | | 3×16+5×6 | | | |
| | | 景观施工图设计 | 2 | 50 | 50 | | | | | | 5×10 | | | |
| | | 室内专题设计(跨方向课程) | 4 | 80 | 80 | | | | | | 5×16 | | | |
| | | 城市设计(主导课程4) | 4 | 80 | 80 | | | | | | | | 4×12+8×4 | |
| | | 景观照明设计 | 2 | 40 | 40 | | | | | | | | 4×10 | |
| | | 环境无障碍设计 | 2 | 40 | 40 | | | | | | | | 4×10 | |
| | | 生态环境景观设计(主导课程5) | 4 | 80 | 80 | | | | | | | | 4×12+8×4 | |
| | | 专题研究 | 1 | 24 | 24 | | | | | | | | 3×8 | |
| | | 景观艺术小品设计 | 2 | 40 | 40 | | | | | | | | 5×8 | |
| | | 手绘快题设计(独立课程) | 1.5 | 32 | 32 | | | | | | | | 2×16 | |
| | | 小计 | 49 | 1004 | 974 | 30 | | | | | | | | |

## 四川美术学院环境设计本科主要专业课程计划表（室内方向） 表2

环境设计专业本科主要专业课程进度计划表（室内方向）

| 课程类别 | 课程代码 | 课程名称 | 学分数 | 课程学时 | | | 各学期学时分配 | | | | | | | |
|---|---|---|---|---|---|---|---|---|---|---|---|---|---|---|
| | | | | 总学时 | 课堂教学 | 实践教学或其他形式 | 一 | | 二 | | 三 | | 四 | |
| | | | | | | | 上期 16周 | 下期 18周 | 上期 18周 | 下期 18周 | 上期 18周 | 下期 19周 | 上期 19周 | 下期 18周 |
| 专业课 31% | | 人机工程学 | 1.5 | 32 | 32 | | | | 2×16 | | | | | |
| | | 建筑设计基础（主导课程1） | 4 | 74 | 74 | | | | 2×16+7×6 | | | | | |
| | | 建筑模型制作与工艺 | 2.5 | 50 | 20 | 30 | | | 5×10 | | | | | |
| | | 室内设计史 | 1.5 | 32 | 32 | | | | | 2×16 | | | | |
| | | 设计思维方法与表达 | 2 | 48 | 48 | | | | | 3×16 | | | | |
| | | 建筑装饰材料学基础 | 2 | 48 | 48 | | | | | 3×16 | | | | |
| | | 住宅室内设计（主导课程2） | 4 | 72 | 72 | | | | | 3×16+4×6 | | | | |
| | | 室内陈设设计 | 2 | 40 | 40 | | | | | 4×10 | | | | |
| | | 展示空间设计 | 3 | 64 | 64 | | | | | | 4×16 | | | |
| | | 办公空间室内设计（主导课程3） | 4 | 72 | 72 | | | | | | 3×16+4×6 | | | |
| | | 建筑装饰施工图设计 | 2 | 40 | 40 | | | | | | 4×10 | | | |
| | | 景观专题设计（跨方向课程） | 4 | 80 | 80 | | | | | | 5×16 | | | |
| | | 商业空间室内设计（主导课程4） | 4 | 80 | 80 | | | | | | | 4×12+8×4 | | |
| | | 无障碍设计 | 2 | 40 | 40 | | | | | | | 4×10 | | |
| | | 室内照明设计 | 2 | 40 | 40 | | | | | | | 4×10 | | |
| | | 室内空间系统设计（主导课程5） | 4 | 80 | 80 | | | | | | | | 4×12+8×4 | |
| | | 专题研究 | 1 | 24 | 24 | | | | | | | | 3×8 | |
| | | 家具设计 | 2 | 40 | 40 | | | | | | | | 5×8 | |
| | | 手绘快题设计（独立课程） | 1.5 | 32 | 32 | | | | | | | | 2×16 | |
| | | 小计 | 49 | 988 | 958 | 30 | | | | | | | | |

图4 四川美术学院课程教学教案

选题开题工作是本科毕业设计的首要环节，在一定程度上决定着毕业设计的质量。无论是命题性或自拟性的课题，重要的并不是做什么，而是如何做。许多同学在开题这一环节，希望标新立异、有所突破，虽在选题上博得青睐，但最终因个人能力不及或与预期有所偏差，难以跳脱"调高曲淡"的尴尬。对于课选题的理解与研究，参与者需更多地去探究如何突出关键，找到创新点以及所选课题与其他研究的不同之处。这一步往往艰难苦涩，它既是创新，更是改革，即便是相同的课题，只要选取一个新的视角，采用一种新的方法，也常能得出创新的结论。

设计过程是本科毕业设计的主体环节，经历周期较长，控制节点多，成果要求具体，对参与者形成明显的考验。选题确立后，最重要的莫过于对设计过程中时间、内容与方法的把控。这个过程，产生作用的内因在于学生，外因在于导师。导师需掌握整个设计在时间及顺序上的安排，对每一阶段的起止时间、相应的设计内容及成果验收均要有明确的要求和切实的引导，阶段之间不可脱节，以保证设计进程的连续性。而学生需要在大框架的要求下，保持自己的设计节奏，制定短期的设计目标，如一个月、十天、一周甚至于每天所要完成的设计任务，对自己的设计进程具有预见性，做到心中有数，不可在规定时间的压力下自乱阵脚。毕业设计的过程控制中，也需要给予学生充足的自由发挥空间，使他们通过设计过程的思考、学习与实验，经历自我判断、自我否定与自我肯定这样一个循环成长的过程，清楚地意识到自己的优势与劣势，进行自我调整与知识巩固。教学过程中，通过对时间、内容、方法的过程控制，保证毕业设计预订的各项措施能够如期进行，有助于厘清设计思路，提高工作效率，保证毕业设计品质。

相比于设计过程中时间顺序的把控，设计内容同样是关键一环。要根据设计目标来确定具体的设计内容，要求全面、翔实并具备可行性，当设计内容笼统、模糊，往往使设计进程陷于被动与华而不实的境地。参与者需在设计过程中的每个阶段强调设计的初衷，即为谁而设计？为何而设计？立意与创新点体现在何处？这是长时间面对复杂设计时容易迷失地方，常常使人不经意走向关注表面化的东西而舍弃设计的实质。

设计方法是设计过程中的精髓所在。多数情况下，我们习惯于为设计做加法。在毕业设计进展到中期的时候，设计雏形与结构关系基本确立，这时，往往会希望通过添加更多的要素来充实设计，不断堆砌以期设计变得华丽饱满。这时，同学的创造力需受到来自过程控制的约束，保持过程预设的轨迹，使设计得到良性的发展方向和开拓空间。

## 三、实验教学课题的过程控制设计

2016创基金4×4（四校四导师）毕业设计实验教学以"建筑与人居环境——美丽乡村设计"为主题，围绕美丽乡村建设展开毕业设计的实验教学。参加活动的有中央美术学院、清华美术学院、四川美术学院、天津美术学院等16所国内高等学校和匈牙利佩奇大学的建筑与环境艺术设计教学单位的师生。根据课题内容的要求，组织者对课题的"过程控制"进行了充分的预先规划。

1. 拟定选题：根据本次课题的目标指向，组织参加院校提出选题，先后有中央美术学院提出的"河北省石家庄市鹿泉区政府美丽乡村实施设计"课题计划和"河北省承德市兴隆县天门乡郭家庄美丽乡村实施设计"课题计划、苏州大学提出的"浙江省湖州市安吉县美丽乡村实施设计"课题计划、湖南师范大学提出的"湖南省新宁县莨山莨笏街景区滨水文化商业古街环境设计"课题计划、四川美术学院提出的"重庆市九龙坡区金凤镇九凤村一社魏家民宿设计"课题计划等五套针对课题要求的选题设计，为参与者储备了丰富多选的题库，打下了极好的开篇基础。

2. 为课题制定周密的"过程控制"计划，确定2016年3月21日完成选题，在河北省承德市平泉县举行2016创基金（四校四导师）4×4建筑与人居环境"美丽乡村设计"新闻发布会及开题答辩，并对选题场地进行现场踏勘调研；2016年4月21日完成场地分析、课题解读、设计构思、设计方案草稿等进度工作，在四川美术学院举办"第一次课题中期汇报与教学指导"；2016年5月20日，完成主要设计表达，在湖南长沙中南大学举办"第二次课题中期汇报与教学指导"；2016年6月17日，完善毕业设计的展示设计，在中央美术学院举办"课题结题汇报和颁奖典礼"。前后衔接、环环相扣的活动节点，构成了课题"过程"的严密逻辑，使对教学内容、设计教学方法、阶段设计成果、课题综合成效等环节的"过程控制"有了依据，确保课程品质。

## 四、课题"过程控制"的执行

教学的"过程控制"计划需要严格执行才能发挥其效能和作用，也才能形成"过程控制"的完整体系。"四校四导师"的毕业设计实验教学课题，在一如既往的组织者王铁教授的坚持、支撑和督促下，在参与师生的努力下得以顺利实施,为课题画上了圆满的句号。参与的师生以及承办活动学校的同学,通过实验教学课题严谨的"过程控制",得到了在平常课堂教学中难以获得的知识、态度和能力锻炼。

"过程控制"的有效运转,需要以下几个方面的保证:

1. 时间保障

从课题预设的"过程控制"计划中可以看到,课题的时间安排十分紧凑密集,对参与者的时间投入提出了较高要求,一方面,参与同学要在时限内完成计划提出的任务,另一方面,又要求责任导师合理安排时间,按时参加集中指导活动。只有全程参与,才能有效开展课题的各项工作,按"过程控制"计划完成各阶段的目标任务。

2. 指导保障

导师在教学过程中的有效指导是保证课题"过程"有效控制,达到预期目标的重要条件。这里同样有两个层面的指导:一是对自己学生的"过程"指导,即在整个课题期间与课题学生的交流、引导、建议、帮助、支持等辅导工作,将总系统的知识节点在毕业设计期间激发出来,使学生能够创造性地完成课题任务;二是在汇报答辩中对同学提出中肯公正而又准确犀利的意见和建议,使"过程控制"的关键节点发挥出应有的作用和价值。

如在四川美院开展的第一次中期汇报中,对李艳同学的汇报做了这样的点评(根据录音记录整理):

乡建不是"箱"建,在农村用集装箱做幼儿园,没有想象的那么简单。幼儿园的尺度要查阅《建筑设计资料集》。内容与形式很重要,集装箱连接空间构成,需要构造体,不能像货柜一样码在那里。除了集装箱,可以用一些附加建筑。不反对集装箱,加一些构筑体使它的空间更加合理化,要适合儿童,不能只在箱子里面发挥。根据儿童活动需要的形态,去修正,会有一个好的出路。

In my point of view. Thank you very much, I like you in this scheme design, in Hungary will encounter similar problems, is in the country, had survived and now how have things things together. You use the container to do a kindergarten in the design of the concept of integration, I like it very much. And it is also a new design and new methods like this.See your design, I give you some advice. You can do the details of the next step, including the scale of the container, rhythm, how to coordinate with the surrounding existing buildings. Hope to see what you can do next. (在我的观念里,非常喜欢你在这个方案里的设计,在匈牙利也会遇到相似的问题,就是在乡村当中,如何使现在的东西和以前流传下来的东西结合起来。你在设计里用集装箱去做一个幼儿园的融合概念,我非常喜欢。而且感觉这样的设计也是一个新的出路,新的方法。看了你的设计,我给你提点建议,你可以在下一步做些细节的补充,包括集装箱的尺度、节奏以及如何与周边原有的建筑相协调。希望下一步可以见到你愿望的实现。)

这些中肯、清晰、犀利和逻辑严密的点评指导,对教学"过程控制"起到了非常有效的保障作用(图5)。

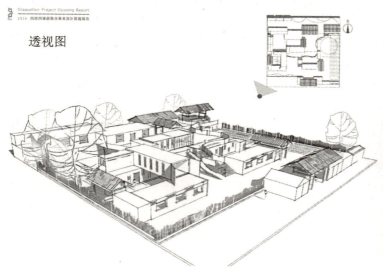 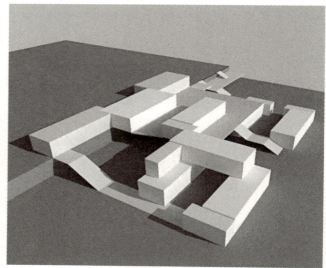

图5 李艳同学的中期汇报页面

3. 支持保障

课题组织的每一次集中教学活动，都是涉及全国乃至世界范围，十七所高校，一百多位师生参加的大型集体活动，给组织者和承办单位提出了很高的要求，既要节约从简，又要使课题参与人员，特别是同学们感受到课题活动的尊严和参与的自豪，这样可以鼓舞意志，增加自信，促进课题的良性发展。由此带来了从场地条件、环境条件、志愿者服务、物品准备等要求，需要认真谋划和精心组织。一次成功的集中教学，就是"过程控制"一个环节的成功。

## 五、结语

教学"过程"是设计人才培养的重要途径。如何制定先进的教学"过程控制"计划并在执行过程中遵循计划，有效进行教学过程的控制，把设计教学置于有目标、有方法、有过程、有成果的良性掌握，使参与教学的学生获得更快的成长，是教师需要认真思考和不懈实践的任务。"四校四导师"课题提供的平台，对促进环境艺术设计专业毕业设计的过程化教学提供了丰满的舞台，让参与者获得了教学的多方面体验，值得珍惜。

# 产学研校际联动实验教学探究
## 以第八届4×4环境设计实验教学为例

The Exploration of Intercollegiate Industry-University-Research linkage Experimental Teaching Based on the Orientation of Work Process
With the 8th 4×4 Environment Design Experimental Teaching as an Example

青岛理工大学艺术学院　贺德坤副教授
Qingdao Technological University, Academy of Arts, Prof. He Dekun

摘要：为了充分利用各院校优质资源，创新联动教学模式，笔者结合近三年来参与校际联动实验教学的经验及项目化教学实践，通过导入"4×4环境设计实验教学"案例，探索富有弹性的、差异性的、多元化的校际合作方式，分析了校际联动实验教学的影响因素，提出了基于工作过程导向的校际合作产学研联合培养模式，论证在复合应用型人才培养上的优势和有效性。实践表明，基于工作过程导向的校际产学研多元化联合培养方式是实现地方院校创新教学成果、学生创新实践能力、导师创新队伍建设等多赢目标的有效途径。

关键词：4×4环境设计实验教学，工作过程，校际联动，产学研协同

Abstract: To make full use of high quality resources in different universities and to innovate modes of linkage teaching, this essay, based on three years' experience in intercollegiate linkage experimental teaching and project teaching practice, explores elastic, differential and diverse modes of intercollegiate cooperation, through importing cases of 4&4 environment design experimental teaching. The essay also analyzes factors influencing intercollegiate linkage experimental teaching, proposes intercollegiate cooperation and the industry-university-research joint training mode based on work process orientation, and demonstrates its advantages and effectiveness in cultivating inter-disciplinary and application-oriented graduate students. practice suggests that the industry-university-research joint training mode based on work process orientation is an effective means by which local universities can innovate their teaching achievements, students may improve their creative abilities, and teachers may innovate their team construction.

Key Words: 4&4 Environment Design Experimental Teaching, Work Process, Intercollegiate Cooperation, Industry-University-Research Collaboration

当前，我国社会经济的发展进入新常态，随着经济结构调整的深刻、产业升级的加快、社会文化建设的不断推进特别是创新驱动发展战略的实施。高等教育结构性矛盾突出，同质化倾向严重，人才培养结构急需转型。2015年11月教育部、国家发展和改革委员会、财政部《关于引导部分地方普通本科高校向应用型转变的指导意见》再次强调指出一系列高教改革措施："创新应用型技术技能型人才培养模式；建立行业企业合作发展平台；建立紧密对接产业链、创新链的专业体系。"意见要求："建立以提高实践能力为引领的人才培养流程，建立产教融合、协同育人的人才培养模式，实现专业链与产业链、课程内容与职业标准、教学过程与生产过程对接。按照工学结合、知行合一的要求，根据生产、服务的真实技术和流程构建知识教育体系、技术技能训练体系和实验实训实习环境。统筹各类实践教学资源，构建功能集约、资源共享、开放充分、运作高效的专业类或跨专业类实验教学平台。"校际联动实践教学组织形式在高等教育领域开始显现，以"工作过程为导向"的校际联动实验教学创新机制的研究有待深入探讨。

"4×4环境设计实验教学课题"是2008年底由中央美术学院王铁教授担纲，联合清华大学美术学院张月教授和天津美术学院彭军教授创立的"3+1"名校教授实验教学模式发展而来。根据不同类型课题项目和要求，邀请行业

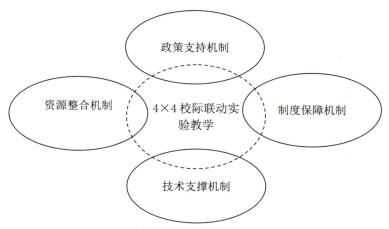

图1 校际联动实验教学机制框架图

专家组成实践导师,并与各高校责任导师组成"双导师制"教学共同体,学生在导师组共同指导下完成毕业设计作品。课题组鼓励参加课题院校共同拟题、选题,自由组合,建立无界限交叉指导学生完成设计实践项目;探索从知识型人才入手,紧密与社会实践相结合的多维教学模式。经过8年的实践探索,"4×4环境设计实验教学课题"这种多校联合、校企联合、跨地域学术交流平台所倡导的教学方法和教学模式,为笔者探究基于工作过程导向的校际联动实验教学机制提供活体案例支撑(图1)。

## 一、工作过程导向的校际联动实验教学体系

以"工作过程为导向"的模块化课题理念以传统教育与现实工作情境相脱离的弊端为着力点,从实际项目所面临的问题和典型任务出发,强调以问题为中心的专业课题设置,以项目需求为依据划分课题模块,构建基于工作过程导向的校际联动合作机制,形成针对研究生主体的具有产学研协同育人的教学模式。工作过程是一个内涵丰富的概念,不仅仅是指工作的一系列工作流程和任务,同时还包括工作实施的条件、环境及情景,工学结合所需要的能力和其他相关条件等。笔者认为,基于工作过程导向的产学研实践教学体系应包含对目标定位、过程参与、保障系统、成果评价等方面的内容,应围绕以上方面制定工作流程,形成完整的产学研结合校际联动实践教学体系。

### 1. 目标定位系统

实践教学目标是指在实践教学过程中培养学生的基本学习能力、知识素养与专业技能、职业操守与价值观念等几方面应达到相应要求。以实践能力培养为纲,以基础知识、专业技能、应用能力为能力模块进行构建,培养对接不同领域的创新应用型技术技能型人才。目标系统在整个教学体系中应明确实践教学定位,为整个实践教学活动指明方向。可依据科学性、准确性、可持续性的原则对校际联动实践教学工作目标予以评价。如深入分析各院校现状,明确优势与弱势,经过科学、严谨的分析和评估后,选择合适的合作伙伴,共同协调商讨合作项目,找准切入点,突出合作项目,制定可行、有效的方案,保障有意义的合作,切忌制定过高分散的目标(图2)。

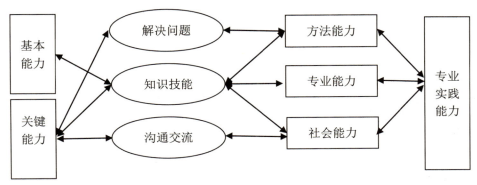

图2 工作过程导向课题教学目标

## 2. 过程参与

实践教学过程是实践教学的执行过程，包括前期教学准备（大纲、计划、指导书、教案、教材）、项目任务（教学内容）、教学方法、教学手段等主要评价要素。对合作实践教学执行过程的监管与参与直接关系到整个实践教学的成败。目前"4×4环境设计实验教学课题"主要把握开题、中期汇报、终期答辩三个环节，采用针对本科毕业设计的传统答辩形式进行单曲循环式实验教学，由于参与规模较大，时间不充裕，导致缺乏全过程、全周期参与的必要条件。未来可探索针对研究生层次的项目化、团队化作业和全学年周期的课题实践教学。制定围绕研究生层面培养的教学过程参与体系。注重对学生的理论知识储备能力与实践操作技能的评定，复杂问题的解决能力与创造能力有机结合的实践教学过程给予评价（图3）。

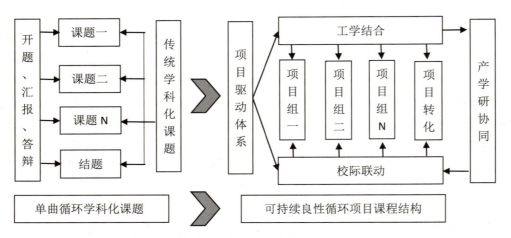

图3　传统学科化课题结构与工作过程导向项目驱动式课题结构

## 3. 保障系统

校际联动实践教学保障系统是实践教学顺利实施的基本前提。这一子系统涵盖实践教学团队、教学平台、产学研基地建设等方面。实践教学保障系统，应首先考察实践教学团队、师资配比、师资队伍结构、双师比例等相关问题，教学团队是实践教学活动的组织和实施者，"双师型"教学团队是培养高端技能型专门人才的有力保障。其次，院校配备齐全的实验教学资源是培养学生实践能力的重要平台。三是可建立以设计研究院为产学研实践平台，满足实践教学需要。

## 4. 成果评价

实践教学成果优劣主要由学生评价和社会用人单位评价得以反馈。首先，学生作为实践教学受教育者，其教学质量的高低直接关系着学生的上岗就业，影响着合作院校人才培养的成败。因此，对实践教学效果进行评价，应首先考查学生在实践教学环节中对专业技能的掌握和对实际问题的解决情况。另一方面，通过项目化课题运作过程中，由企业实践导师对学生掌握的基本技能和所具有的综合素质以及开展的教学活动进行验证和反馈，反馈结果是对实践教学质量的最有力证明。最后，建立产学研协同育人评价体系与效益分配机制，产生可持续的实验教学成果。

综上所述，"4×4环境设计实验教学"应围绕构建相互关联、彼此影响等方面，共同构成校际联动实践教学系统的四个一级系统，围绕这四个一级系统再逐层细化，分别制定相应的二级系统和更为具体的教学标准，将以本科教学为主体升级到以研究生为主体的实验教学，通过工学结合的模块化、团队化、系统化项目课题实践等，构建工学结合的基于工作过程导向的实践教学体系。

## 二、构建工作过程导向校际联动实践教学体系的方法与举措

### 1. 筛选合作对象，构建产学研校际合作共同体

构建校际合作共同体首先要选择合适的合作对象，加强对合作对象进行理性、科学、谨慎的分析。产学研合作是一个经济和技术相结合，市场、技术、资本和经营管理相融合的复杂过程。首先，产学研合作的主体是企业院所，但必须有高校以及从事基础研究、应用研究、技术开发和公共产品技术创新等工作的公益性科研机构的积极参与，还需要政府、科技中介服务机构和金融机构等的大力支持。其次，产学研合作强调以人才、技术、效益

为结合点,以利益共同体的模式把合作各方紧密联系在一起,以充分发挥各自优势、实现优势互补,逐步形成技术和经济的有机结合。再次,产学研合作始终坚持互利互惠和共谋发展,努力形成多赢的产学研联合利益机制。4×4实验教学可建立以中央美术学院建筑设计研究院为企业主体,各院校为科研机构,社会企业和运营服务机构为技术和管理平台,政府、基金会、媒体等为保障系统的多元化运作机制。

2. 建立产学研教学管理体制和加强实践教学质量监督体系

校际联动实践教学系统得以良性运行和协调发展,首先应确立教学管理主体。教学管理主体应由学校和企业相关负责人员共同组成。例如:可由校方分管教学院长负责、教务处、教学督导、系部负责人、教研室主任、骨干教师、学生代表、企业专家和技术能手组成,实践教学特点决定了教学主体的多元属性,该主体的主要职责是制定教学相关政策和审定评价标准。其次,明确管理主体的职责与权限。院系二级教学管理主体应各司其职、分工合作,逐步落实参与对象、过程服务、结果反馈等方面的问题。避免因管理主体缺位或职责不清而使实践教学工作处于无人监管状态。再次,应建立高效的沟通协调机制,确保实践教学工作的有效进行。

实践教学体系是一项复杂的系统工程,应对整个评价系统的各个环节进行全面的管控和监督。该工作的有效实施,直接影响着教学结果和教学质量。这就要求整个教学程序科学严谨,教学主体要秉着实事求是、公平、公正、公开的原则进行,其制定的各项教学标准要经过科学论证和实践检验,以此提高教学标准的全面性和客观性,充分发挥其功能和作用。此外,要做好实践教学的监督工作,确保整个实践教学过程始终处于被监管状态,保证教学组织管理工作到位,有效的监督机制可使对教学主体的工作过程更加明晰化,以此提高教学评价的信度和效度。

3. 建立有效的实践教学质量评价体系及反馈原则

实践教学质量评价体系建立目的,在于评价过程中不断发现问题和不足,起到查漏补缺,切实提高实践教学质量的作用,因此建立有效的实践教学质量评价反馈机制十分重要。具体做法是将评价结果反馈给评价主体和评价对象。在其反馈过程中可将评价信息进行分类和诊断,以此引导评价对象及时调整教学方法、充实教学内容,提高实践教学水平和教学质量;同时为评价主体提供决策依据。通过构建实践教学质量评价反馈机制,能够及时发现问题、解决问题。对实践教学系统完善与修复起到重要作用,从而不断提高实践教学质量,真正实现"以评促建、以评促改"的良性发展。

4. 规范校际合作行为,构建校企协同的育人机制

认真评估优势和不足,制订清晰的合作规划、发展目标和一系列具体化和可行性的规范及操作细则。按照合作契约不同,可以把产学研合作分为正式合作和非正式合作。所谓正式合作,是指合作各方之间通过契约的形式把各方的权利和义务、合作获得收益的分配办法等进行明确规范,各方在契约约束和规范下合作开展工作。常见的正式产学研合作模式包括在契约的规范下进行新技术的研究开发、企业委托高校进行人才培养和成立学术委员会等;所谓非正式合作,是指高校和科研机构与企业之间没有签订正式契约和形成正式的合作关系,但是其研究成果通过专著和论文的发表、召开学术会议、高校和科研机构研发人员与企业研发人员之间的非正式信息交流等让企业知晓,或企业的技术开发需求让高校和科研机构的研发人员了解,实现信息交流和共享。

资源合作组合方式可以分为增补型、过剩型、补缺型和浪费型四种。其中增补型、过剩型和补缺型相对来说是具有正面影响,而浪费型组合方式具有负面影响。产学研联合培养应以研究生为主要对象,以项目为依托,以坚持教授治学为理念,引进企业人才兼任研究生实践导师,结合校企联合,建立立体交叉培养新模式。如研究生的纵向培养(基础理论知识、实验研究技能)和横向培养(工程技术创新实践)并举、内涵(道德品质和行为修养)和外延(管理才能和社会应变能力)兼修的综合素质培养。

## 三、校际联动实验教学面临的问题和不足

1. 校际联动实验教学的内涵建设亟须提高

当今社会,教育已不再是为培养学生胜任某一特定的专业工作以满足社会的人力需求的"终结性教育",而是一种终身学习与终身教育,因此,其课题目标更应该注重个体能力的培养,包括方法能力、专业能力及社会能力等,培养学习者可持续发展的实践能力。它不单是传递知识,而是重视知识的处理和转换,以工作任务为中心,注重解决问题的能力培养,强调学习者创新能力、专业素养、服务意识与道德素质等教育。传统学科化课题的教学目标是向学生传授基础文化知识与专业知识,强调学科知识的科学性与系统性,强调知识本位与识记,忽视对学习者创造性与能力的培养。其思想根源在于,认为实践是理论的应用与延伸,是理论的附属品,是将其线性演绎的结果,不符合国家创新应用型技术技能型人才培养目标,未能贯彻终身学习的理念,难以适应社会的发展需要。

## 2. 合作教学内容相对单一，联动教学运行机制缺乏可持续性

目前院校间开展的合作往往停留在线性课题领域的"单曲循环"模式，没有形成深入持久的合作。在选定合作项目时各院校也往往避重就轻，只注重一些容易实现的、外围性的项目合作，对于真正促进互相之间优势互补、互相融合、互通有无的合作项目则畏难而止，各地方院校多为被动接受式，仅限于课题组所拟定课题，最终导致合作选课题单一。"4×4环境设计实验教学"课题由于面向本科毕业设计教学，仅为三四个月，周期较短，来去匆匆，课题脱离实际项目轨道，教学成果仅停留于纸面，不具备可持续性的产学研协同创新价值。

科学有效的管理是保证校际合作长久发展的动力源。目前院校合作还尚处于探索阶段，合作机制不够成熟，管理松散缺乏有效性。合作多数停留在草拟协议层面，没有进一步把协议固化为合作机制。即使在纸面上制定了具体合作的机制，又缺乏对合作程序和工作过程科学性的研究控制，各院校也缺乏有效的执行路径。总的来说，各院校间没有建立起从合作意向到合作机制再到具体执行办法的成套制度。

## 3. 合作共同体院校层次的多样性和差异性有待丰富

校际合作通常表现为优质院校与薄弱院校、中央院校与地方院校等的联合，以强带弱，前者通过输出品牌、师资、办学理念、管理方式等资源带动后者共同发展。但是，由于多数学校的联合是默认的"规定动作"，当阶段性任务完成，合作亦告终止。在这个过程中，基于任务型的合作虽然能有效促进合作双方的交流，促进先进的教育理念、管理思想和教学模式的传播，但大部分合作共同体缺乏主动性，仅是被动式接受给予任务，甚至大部分合作行为基于默认的"规定动作"。由于开展校际合作，缺少相应的奖惩机制，导致工作积极性不高。事实上，只有当合作双方的教师、管理、文化和传统等方面的差异成为一种重要的发展资源，即形成一种"差异合作"机制时，校际之间的合作才会成为彼此的共同需求。

校际联动实验教学的院校组织单位可考虑艺术类院校、综合类院校（含国外院校）、专业类院校（理工类、建筑类、农林类）为组织框架，鼓励院校发展各自的特色，实施"差异性"校际合作，发挥各院校的特色。首先，各院校要确定合作目标，明晰自身状况，包括管理现状和发展前景，确定互补型合作伙伴关系。其次，需要校际合作的双方或多方进行多次协商和讨论，争取达成多方面共识，积极、主动地参与合作，实现双赢。最后，各院校针对所在区域经济发展状况开展带动经济发展的校际联动项目，赢得政府或企业的大力支持。在地方政府或企业配套经费保障下，实现资源共享，优势互补，体现高等教育的社会服务职能。优先选择经济发展水平比较高的具有学科优势的院校区域为主要教学基地，赢得国家或政府对高校校际联动中重点课题的投入，进而带动环境设计专业的发展，从而影响校际联动项目开展的深度和广度。

## 尾声：关于"4×4环境设计实验教学课题"的思考

1. 建立规范化、人性化、合理化数据库，完善高效的过程管理与服务团队为实验教学提供有力保障。制定标准文件，规范各院校参与流程，为各院校师生提供无死角服务。
2. 建立课题基金库，广泛吸收公益慈善基金会、财团等，多元冠名机制，品牌化、国际化运作。
3. 从纸面教学走向项目实践教学，以实际项目为课题，借助科研院所、设计院、企业、政府力量进行产学研协同创新。
4. 从本科教学主体升级为研究生教学主体，从单兵作战走向小组团队协作。
5. 双实、双创、双师（实验与实践、创新与创业、教师与工程师相结合）。
6. 策划与计划先行，提前一年进行课题立项，有必要的情况下鼓励全国实力院校报名，采用竞争入选机制。
7. 提高合作院校办学自主权，保证了院校间合作的积极性，多元化院校机制（艺术院校、综合院校、专业院校）。
8. 争取政府出台相关政策及法律法规，促进校际合作有序发展，严格保险机制，落实责任明细，解决不必要的后顾之忧。
9. 从过程管理到成果宣传推广（研讨会、年会、协会）。

## 参考文献

[1] 徐涵. 以工作过程为导向的职业教育[J]. 职业技术教育，2007（34）.
[2] 李久平，姜大鹏，王涛. 产学研协同创新中的知识整合——一个理论框架[J]. 软科学，2013（136）.
[3] 范玉顺. 工作流管理技术基础[M]. 北京：清华大学出版社，2001.

# 设计教学实践思考
The Thinking of Practical Teaching Design

青岛理工大学艺术学院　李洁玫讲师
Qingdao Technological University, Academy of Arts, Ms. LI Jiemei

摘要：建设"美丽乡村"要求全面提升乡村生态环境，努力把乡村打造成环境优美、生态宜居、底蕴深厚、各具特色的美丽"新农村"。通过2016年4×4全国建筑与人居环境"美丽乡村设计"实验课题教学活动，结合教学环节与科研、工程实践，总结了各院校在环境设计实践教学环节中的宝贵经验，提出建设"美丽乡村"环境设计需注意的原则，展望了设计教育的创新与跨越目标。

关键词：美丽乡村，环境设计，实验教学，传承与创新

Abstract: Construction of "Beautiful Country" should improve country ecological environment comprehensively, and make efforts to build countryside as environmental beautiful, ecological, livable, historical and distinctive "new rural area". Through 2016 Chuang-Foundation (Four University Four Mentor) 4×4 workshop, building and living environment and "beautiful village" project, combining teaching program, research and engineering practices, it summarizes the precious experiences in practical teaching program of the colleges, and puts forward the environmental design principles for "beautiful country", and outlooks the target of innovation and leap about design teaching.

Key words: Beautiful Country, environment design, practical teaching, transmission and innovation

## 引言

党的"十八大"强调把生态文明建设放在突出地位，首次提出"建设美丽中国"的宏伟目标。建设"美丽中国"，首要任务是全面提升农村生态环境，努力把农村打造成环境优美、生态宜居、底蕴深厚、各具特色的美丽乡村。

## 一、历程

为了进一步学习与落实中共中央、国务院对新农村建设的主要精神，2016年4×4全国建筑与人居环境"美丽乡村设计"课题教学活动历经4个月时间，先后在北京、河北、长沙、重庆等省市地区进行课题调研与交流学习。"四校四导师"活动举办八年来，已成为中国设计教育界最具影响力的学术活动之一，打破了当前艺术教育单一知识型的培养模式，逐步转向知识型与实践型并存的全新教育模式，为培养新型设计人才搭建坚实桥梁。

在各高校领导的全力支持和课题组老师的指导下，整个实验教学活动主要围绕本科毕业设计、实践设计能力培养及设计从业经验等内容展开的名校教授设计教育公益行为。近50位教授、学者及著名设计师不辞辛劳，为17所艺术与设计学院的本科生，进行了长达半年的联合指导。从某种意义上说，这些象征着中国设计界支柱与脊梁的教授与学者们，用自己的方式，表达了他们对于学生、对于学科专业、对于社会的责任。

## 二、感触

参加完实验教学后我校学生感叹："大学的前三年在传统性的课堂上有好多设计想法都不敢于去尝试，担心失败，对自己的设计能力还心存疑虑、缺乏自信度，经过了这几个月紧张而充实的学习，现在我有勇气去尝试更创新、更积极的风格。以前总认为毕业设计是一个人的事情，现在我发现，和各个院校老师、同学们交流讨论的过程其实对彼此助益良多，因为设计需要引起人们的共鸣。"至此，我作为青年教师也在这一次次渐进的活动中，发现了一些日常教学中存在的教学缺失和亟待改进的思路及方向，这也正是论证了"4×4"实验教学活动，是一个真正推进本科教学与实践的实验平台。在这里，院校之间、同学之间能够共享更广泛而深入的面对面交流，名师

的示范作用将发挥得更加充分。结合同学们大学期间所学的专业基础知识与专业设计能力，推进毕业设计的学术性与实践性。

在今年的实验教学活动中通过与各兄弟院校进行交流学习了较多宝贵经验，整理如下：（1）在今后的课程环节制定方面，应充分借鉴名校成熟的教学体系，完善相关课程架构设置，关注学生综合设计能力的培养，鼓励学科间的交叉与渗透；（2）学生培养模式方面，在坚持设计理论、基础知识和基本功培养的同时，突出工程实践环节对学生综合素质提高作用，遵循学以致用的原则，重点提升学生对学科前沿设计理念、方法、工艺等方面的掌握与运用；（3）教学方法改进方面，进一步强化理论与实践的联系，逐步形成课内外、校内外结合的开放性教学方式，将教学环节与科研、工程实践相结合。

由此感慨，开展此类实验教学活动益处良多，不仅推动了学科建设的发展，还为本科生和研究生深造学习拓宽了渠道，且加强了各设计高校之间、知名设计企业之间的交流，形成了课内外、校内外结合的开放式教学方式，还将教学、科研、实践相结合，提高了人才培养质量，拓展中青年教师的教学与科研思路，也为青年教师访学交流搭建了平台。

## 三、思考

在本次实验教学活动的开题仪式上，课题组组长王铁老师说道："'四校四导师'经过前七年的努力，今年变成了4×4的集体，今年17所中外高校组建课题组的共同课题为'美丽乡村设计'。在'美丽乡村'建设中，探索不是简单的复制，创新才是华夏子孙的未来。我们也恰逢赶上了一个千载难逢的机会，在中国加快村镇建设发展时期，应努力设计出与中国实力相匹配的高质量的新农村形象！"此番话语让我深有感触。让我想到现的一些设计现象，那就是很多乡村建设，一上来就做规划，做交通组织，做一些仿古建筑群落。我这里想说的是不要盲目先做这些东西，要先想好"美丽乡村"的将来怎么去发展，定位是什么，打算如何做，然后再往下去实现。有了定位、有了目标的建设才会更明确，也更贴合实际。我们要打破传统的东西去建设现有的乡村，而且国外有很多乡村建设的案例都值得我们去借鉴，还可以依据相同纬度的国外城市案例重点进行思考和学习。"千村一面"的现象产生，就是因为从规划或建筑的角度考虑的问题过多，而较少考虑经济的规律和文化底蕴。也是因为随着城市化的进程加快，设计也随之做得"匆忙"了。很多人没有时间去把本地文化性的东西、历史性的东西、地域性的东西研究得透彻，就匆匆地去做了。至此我就想说明一点，先于建筑考虑场所，虚心学习过去，尊重文脉，从而进行持久性和适应性强的建设，尽一切可能性创造丰富、宜居的乡村环境。通过参与本次实验课题研究和实践，对"美丽乡村设计"有以下思考：

1. 总体性把控

（1）乡村的总体环境景观规划必须符合该区域总体规划、分区规划及详细规划的要求。要从地场的基本条件、地形地貌、土质水文、气候条件、动植物生长状况和市政配套设施等方面分析设计的可行性和经济性。

（2）依据乡村的规模和主要建筑风格，从平面和空间两个方面入手，通过合理的用地配置，适宜的景观层次安排，必备的设施配套，达到公共空间与私密空间的优化，达到乡村整体意境及风格塑造的和谐。

（3）建筑设计应考虑建筑空间组合、建筑造型等与整体景观环境的整合，并通过建筑自身形体的高低组合变化和与住区内、外山水环境的结合，塑造具有个性特征和可识别性的乡村景观。

2. 社会性原则

（1）赋予现代乡村景观亲切怡人的艺术感召力，广泛征求群众意见，实行公示制度，提倡公众参与设计、建设和管理。通过美化乡村环境，促进人际交往和精神文明建设。

（2）顺应市场发展需求及地方经济状况，注重节能、节材，注重合理使用当地土地资源。提倡朴实简约，且尽可能采用新技术、新材料、新设备，达到优良的建设效果。

3. 生态原则

（1）充分利用现状优美的自然山地环境，规划依山就势，顺应自然，构筑层次起伏，宜人惬意的绿化空间与山地新农居环境。针对乡村的实际情况，在设计中明确风貌建设的适用技术，使设计切实可行。

（2）应尽量保持现存的良好生态环境，改善原有的不良生态环境，对布局不合理、污染扰民严重、难于治理的小型工业企业进行迁移。提倡将先进的生态理念和生态技术运用到村庄风貌规划中去，构建人与人、人与自然和谐共生的村庄，以有利于乡村的可持续发展。

### 4. 地域性原则

应体现所在地域的自然环境特征，因地制宜地创造出具有时代特点和地域特征的空间环境。保持地域原有的人文环境特征，发扬有序的民间习俗，从中提炼代表性设计元素，创造出新的景观场景，引导"新"的乡村宜居模式。

### 5. 历史性原则

（1）要尊重历史，保护和利用历史性景观，在对待受历史保护的区域进行改造建设时，更要注重整体的协调统一，做到保留在先，改造在后。让珍贵的历史文脉融于当今的景观设计元素中，使其具有鲜明的个性，并为美丽乡村的开发建设创造更高的经济价值。

（2）在保护村庄历史文化遗产的前提下，建设充满活力的现代化村庄。处理好继承与发展，发展与创新的关系。

## 四、展望

现如今，越来越多人正在选择远离自然，进驻城市，向往高品质现代化的生活，这也就意味着，作为既是教师又设计师的我们要拥有一颗宁静的心灵去寻求在自然生态视角下的乡村空间发展模式。通过此次"美丽乡村设计"课题历程，我认为设计者在整个乡村课题的改造和塑造中，需要去把控、协调"自然—传承—创新"三者的关系。纵观整个课题，不仅让学生们有了一个从感性到理性又到感性的深化学习过程的提升，也让教师们联系到平时的教学及设计工作，并做到了深刻感思。但我始终相信，好的、完善的课题设计必然会在这条实验探寻道路上寻求到最完美的契合点，此外，如何协调自然与村落发展的关系，做到将可持续发展理论转化为乡村发展的实际行动，我们还需了解更多、学习更多。

时间如白驹过隙，转眼今年的实验教学活动已画上了阶段性的句号。在参与了两届课题后，我深刻体会到课题组导师、行业协会、企业知名设计师们对学生和教学的一片苦心以及深厚的情感。感叹能有机会参与到这样的课题活动中倍感骄傲，同时又感到教育的路任重而道远。再次感谢实验教学课题组组长王铁教授，感谢课题组委会教授们的辛勤付出和劳动，正因为有如此坚定前行的实践者为我们向导、引路，使我们更加坚定了脚下的步伐。也借此希望活动的最大受益者——我们的学生，能在不远的未来为我们的家园带来更多的美好与希冀。

# "协同教学"校企合作
## 创基金(四校四导师)教学团队为校企协同教学做了一个典范

Explore "Synergetic" Theory Used in the Teaching of School-enterprise Cooperation
The Experimental Teaching Team of China University Union "Four-Four" Workshop Group of School-enterprise Cooperative Teaching Made a Model

山东师范大学　段邦毅教授
Shandong Normal University, Prof.Duan Bangyi

摘要：校企协同教学是高校为未来社会需求的人才培养采取的有效教育教学模式。但由于种种原因，当下的校企协同教学普遍存在重形式轻内容的浅层做法。创基金"四校四导师"实践教学团队揭竿而起，经过艰苦卓绝八年的坚持实践创建了一套先进的做法和成功模式。四校四导师实践实验教学团队在其空间设计的实际项目课题教学中，最有效地提升了课堂与社会实际项目设计的链接，从而形成了多维整合，全方位教学，做到最大化激活教学系统的各种可能，实现了有效解决未来设计师最根本的能力问题，同时创建了中国当代高等教育新型协同教学模式。

关键词：校企合作，协同，四校四导师，教学模式

Abstract: School enterprise cooperative education is an effective teaching mode for talents training in the future society. However, due to various reasons, the current school enterprise cooperative teaching in the light of the common form of light content. The China University Union "Four-Four" Workshop Group was born. After seven or eight years ago to practice created a set of advanced practices and successful model.
The China University Union "Four-Four" Workshop Group in the space design of the actual subject teaching, most effectively enhance the classroom and social actual project design links, thus formed a multi-dimensional integration. And all-round teaching do maximizes the active teaching system various possible, realized effectively solve originally designers simply. At the same time, it has created a new type of collaborative education model in China's contemporary higher education.

Keywords: School-enterprise Cooperation, Synergetic, China University Union "Four-Four" Workshop Group, Teaching Model

协同教学作为一种教学理论和模式，其创设以解决学生应用实践中的具体问题为目标，所收到的教学效果和团队资源整合形成的增量最大化效应是传统单一课堂教学无法比拟的。当下许多地方院校均采取了许许多多校企协同教学方式，诸如最常见的邀请企业成功设计师到学校开办各种讲座传授相关实践的方法，学生到企业短期实习，体验实际工作中的相关环节，或企业项目拿到课堂真题真做、真题虚做等等协同教学方式，这些积极尝试尽管在一定程度上打破了传统课堂教学的封闭性、单一性，为学生进入实践环节解决了些许实际问题，为学生了解社会开了一扇窗，但在协同教学深度和维度层面上还显浅层和单薄。这里主要是一方面企业投入时间少，单靠短短几节课的讲座，企业设计师不可能进入具体课程中知识点的整体连接以解决实践中的实际诉求；二是企业往往从自身利益出发，急功近利，过多关注尽快享用学生创意设计成果，却极少给学生提供真正参与具体设计过程，以致学生缺少深度的互动、互补、协同，难以对学生知识、能力、素养产生实质性的培养和提升。创基金·四校四导师教学团队充分策划、调动、整合现有因素和具体社会项目课题目标的各种可能，探索出了更为有效的校企协同教学模式和方法。笔者认为值得好好总结并进一步探究、完善。

## 一、协同教学概念的基础理论解读

协同教学一般是由两个以上教师组成的一个教学团队，合作完成一项教学课题。在这个教学团队中各自发挥

所长、协同互助、优势互补,从而对指导的学生进行全方位、多层面、高精专的教育教学。其方法论基础可以以20世纪70年代德国物理学家哈肯对激光研究中创建的"协同学"理论,作为协同教学理论支撑。该理论是以研究非平衡态系统如何通过各子系统间相互协同作用,形成从无序向有序转变的科学,揭示了合作现象背后的深刻规律。由于其具有普遍性,协同学对社会科学领域研究也产生了深刻影响,成为横跨自然与社会的横断新型学科理论。协同学基本原理包括下面三个方面:(1)从系统内部寻找有序源泉;(2)系统的宏观性质和行为是它的各个子系统的合作效应;(3)自组织是系统有序化的内在根据。自组织指各个子系统间相互意会,配合默契的状态,它的形成条件是:系统开放;外界控制参量达到一定程度;协调同步。

依据协同学基本原理,笔者对协同学教学作如下理解:(1)教学系统的每位成员本着明确的共同目标,努力工作、积极配合,从而易形成协调有序的运行局面;(2)整体教学质量是多元、多维因素协作演化的效果,互联网时代的课堂教学除了教师、学生、媒体、教材等传统要素,还有"网络"这一外部环境要素,诸要素间互补、共生、相融、协同,就能产生"1+1>2"的教学效果;(3)教学中"人—人"自组织状态出现,有赖于教学系统各成员开放自身系统的信息、智慧和能量,并在与外界交流中不断自我调节。教师团队是实现教学目标的组织者、引导者,对自组织状态的形成起至关重要作用,他们恰到好处地释放控制参量,通过课题内容设计、教学形式组织、教学氛围营造、教学方法实施等,创设适合学生发展的实践可能性条件,充分唤醒激活调动人的积极性和潜能,让各系统、各要素突破独立状态积极自发地相互配合。"协调同步"是系统自组织实现的条件也是协同学的精髓,它包含系统内部元素同一频率的协同,更包含各元素以不同频率运动相干合成最优频率的整体。实施协同教学应注意统一性和多样性结合,既保持课题教学目标、内容、过程、标准的同声相从,也要调动起个性、差异,甚至矛盾的异声相合。笔者认为"协同学"基本原理在国际近几十年来不断发展并被广泛应用,是因为它提供了认识世界的新方法论,启迪人们宏观、多元、辩证地看待事物。校企协同教学的关键在于教师团队具备全面、整合、协调发展的思维模式与外事方法。能突破"本课堂"、"现条件"局限,有效激活、整合所有教学相关要素,通过多层次、多角度、立体化变化而有序的协同互补实现课题教学目标。

## 二、"四校四导师"空间环境设计实践在校企协同教学中的建构

本着让学生在做实际项目设计中由"单一接受向系统设计探究转变,由知识获取向能力提升转变"的教学思路,课题组紧紧抓住教学团队构建和社会项目选题意义多个重要环节。以精英导师团队为主体督促学生强化自主、深度探究,从而建立起促使学生自身综合实践能力全面发展的培养目标,为此采取了如下策略和方式方法:

1. 优化教学团队是实现实践教学成功的根本保证

"四校四导师"实践实验教学课题组,由中央美院王铁教授、清华大学美术学院张月教授、天津美院彭军教授、苏州大学王琼等教授发起组建,几位资深教授充分利用其特有的学术地位、专业高度,智慧地聚集了当代高校和行业内的两个精英团队,即当下行业名企内最有实践经验的资深设计总监、设计精英组成的实践导师教学团队,和全国名校中的学科带头人、教授、优秀教师组成的指导教师团队。两个"自组织"起来的权威教学团队在协同教学系统中充分利用自身系统信息、智慧和业绩,精诚合作、默契配合,对学生实际项目设计阶段性地展开、推进、定向起到恰到好处的调控作用。各位大牌企业设计师以解决实际问题的实践为依据,点点入骨地指出学生在实际解决问题中的不足,让学生清晰地了解到企业设计的观念与方向,也让学生从反思中知道对设计理解的肤浅和不切合实际的设计追求。

2. 以解决具体问题带动课题专业学习,"他主"和"自主"协同,激活学生主体的能动性

在学校课堂的知识教学中总是以常规、定论的方式出现在教材和课堂的讲授中。著名学者霍德利在讨论设计的知识时认为:"所谓设计知识更多是运用其他知识来寻找答案的元知识。"在每个设计师的实践生涯中都深深体会到设计就是运用各种知识、能力来解决具体问题的。一个设计师总是在实践、验证、归纳、反思中不断进行创新性解决问题的。"四校四导师"实践实验教学主旨是在三个月的项目课题毕业设计过程中让学生调研问题,发现问题,最终较好地解决问题。

两个教学团队在他们的各个阶段给予适时适量释放控制参量,以实际问题带动、引导学生自己反思探究,并以"他主"和"自主"的密切协同,最大化发掘学习主体的能动性,实现知识能力由"单一接受向系统设计探究转变;由知识获取向能力提升转变"的教学目标和毕业设计的所在价值。

3. 深度了解社会需求,协同培育合格人才

"四校四导师"课题组以卓越人才培养为教学活动中心轴,教、学、做协同,将课堂学习和职业工作情境对

接。课题组在每届三个多月的毕业设计实践中期汇报中都精心策划安排，每次汇报中都要在这一汇报所在地选择当地乃至全国行业中的一个名企，组织调研考察。每个名企均高度重视，并派出相关高管、设计总监全面介绍和带领师生参观企业经营规模、生产车间、设计院等重要部门。一方面师生们全面考察了解到社会企业所需人才标准和名企经营、管理工作的先进理念与名企当代业绩风采；另一方面亲眼看到并触摸到了名企具体解决问题的方法和观念，从而最大化促进了知识技能及综合实践能力的转变。总结起来，学子们参观调研了数家名企，诸如在北京开题时参观调研了当代中国设计的摇篮前中央工艺美院创办的前身"工美集团"即现在的"北京清尚环艺建筑设计研究院"、"中国建筑装饰设计研究院"；在苏州大学中期汇报时参观调研了中国建筑装饰行业第一名企"苏州金螳螂建筑装饰股份有限公司及设计院"；在山东师范大学中期汇报时参观调研了山东建筑行业前三名"山东福缘来装饰工程有限公司"；在青岛理工大学中期汇报时调研参观了青岛市建筑装饰行业第一名企"青岛德才装饰设计研究院"，还有广西的、内蒙古包头市等等诸多名企，在这些名企中学生们大开眼界情绪振奋。当然在激活感动的同时，面对企业对高标准优秀人才的需求，也增加了自身很大反思和压力。

4．实践教学评价师生协同，设计作品评价标准与企业评价标准协同，同时以评价结果反馈调节教与学的正确性

为强化"人—人"互动，每个作业阶段的汇报、教学评价均以责任指导教师团队和实践导师两个团队为主导，全体学生参与的方式进行。学生要用PPT文件站在讲台上说讲，课题组要求学生清晰地说明自己在毕业项目设计各阶段中的构想与具体方案设计，参加的全体师生要从发现问题解决问题的理念和方法的角度，还有从市场、客户、消费者，以及区域文化特色、设计法规的角度进行全面评价，并与汇报人深入交流探讨。美国著名学者加纳德把人的智力划分为语言、数理逻辑、空间、身体运动、音乐、人际、内省、自然探索等九种结构。参加"四校四导师"课题教学项目活动的近百名师生来自国内外14所名校，这一群体拥有多样广泛的智慧和丰富强大的专业知识、基础知识结构，这些个体的特色优势必然表现在对同一问题的不同认识、思考及解决方案上。开放式的互动中，有生动直观的形象思维，流畅变通的发散思维，也有批判性、令人耳目一新的逆向思维以及苛刻挑剔的问题指出。此时开放课堂中，使每个参与者和汇报人见识了多维视角，不同知识结构、不同解决问题的方法。在强大的权威点评阵容面前，启迪着学生强力突破原有思维和知识的局限，多角度、多侧面去思考解决问题。学生们自己的毕业设计项目在教师和同学们的质疑、建议和启发中不断突破、修正，最终产生质的变化和飞跃，进而形成具有系统性可实施的顶好设计方案。

毕业设计结项终期汇报，由两支团队进行评价打分。责任导师指导教师团队更多地根据学生各阶段任务的完成情况解决问题的创新能力、设计表现能力、学习态度等情况，给予综合评价；企业实践导师团队更多从作品的质量效果、方案的突破性、市场可行性、技术成本可行性等方面进行综合评价。

## 三、结语

校企协同教学中，学校指导教师、企业实践导师、学生，围绕毕业设计实践实验教学目标构成了高、精、专知识传授关系，解决问题的能力培养系统，校企教学团队释放控制参量，多维整合激活毕业项目课题设计教学的相关要素，使理论与实践、人与人、知识与知识、课堂知识教学与实际项目设计、学校教育与社会企业人才需求等诸多方面形成多元的、立体化的渗透协同，学生构建起了以自助、探究、"自主"为特征的学习模式，进而迫使他们从不断自我激发、主动竞争、开动思维、拓展思路、合作互助、集思广益及知行合一中得到综合能力的全面提升和转变。

"四校四导师"校企合作教学为国家高等教育毕业设计实践教学构建了一个成功的教学模式，同时也对当下中国环境设计学科卓越人才培养也是一个成功的教学模式。

# 制图表达改进探讨
## 2016创基金4×4（四校四导师）实验教学课题建筑与人居环境教学思考
The discuss of How to Improve the Teaching Means About Architectural Drawing Course Reflections on the Teaching of the 2016 Chuang Foundation · 4&4 Workshop · the Experimental Teaching Project

**湖北工业大学艺术设计学院　郑革委教授**
Hubei Industry University, Academy of Arts & Design, Prof. Zheng Gewei

摘要：《建筑制图》是土建类、建装类的基础性重要技术课，它的任务是：培养学生具备一定的读图能力、图示能力、空间想象和思维能力以及绘图技能，为使学生形成综合职业能力和继续学习打下基础，全面提高学生的综合素质。在一个建筑新作琳琅满目的时代；一个建筑资讯呈爆炸性增长的时代；一个计算机制图已逐渐取代手工制图的时代；一个计算机可以协助甚至主导建筑设计的时代。教学观念需要进一步更新，课堂教学模式要不断创新；针对社会对人才的需求，如何调整教学内容，改善教学方法，文章提出了一些看法和措施。

关键词：建筑制图，创新，实践

Abstract: Architectural drawing is the basic important technology of civil professional, it is the task of training students to have a certain map reading ability graphic ability space imagination and thinking ability and drawing skills, to make students form the comprehensive vocational ability and continue to learn to lay the foundation, and comprehensively improve the students' comprehensive quality .It is a new era of new building full of beautiful things in eyes; A building information is explosive growth; a computer mapping has gradually replaced manual drawing ; a computer can help even leading architectural design.Our teaching ideas need further update, the classroom teaching mode to continuous innovation; According to the demands of the society for talents, how to adjust the teaching content, improve teaching methods, the article puts forward some opinions and measures

Key words: Architectural drawing, Creative, Practice

## 引言

《建筑制图》课程作为土建类、建装类的一门传统的专业基础课程，其教学理论原理繁多且枯燥难懂，作业不仅繁多，还具有相对的难度。学生要学好它，教师要教好它，都必须具有较强的逻辑推理和空间想象能力，对于初学者而言，它确实是有难度。加之与专业课相比，这门课程教授的不是具体的设计方法和技巧，对于设计水准也不会有立竿见影的突破。受拜金主义思潮的影响，学生对艺术设计领域的认识首先是设计带来的金钱效益，根本没有认识其内涵。因此许多学生常常不予重视，对该课程应付了事。要改变这种现状，必须结合当前实际，针对环艺专业的特点，对《建筑制图》课程的"教"与"学"进行内容重构和改进。要改变目前这种片面强调制图原理、重专业制图技能但轻识图和构型能力的培养、又与相关专业和后续课程缺少交集的教学方式。

这次我校有幸参加2016创基金4×4（四校四导师）实验教学课题建筑与人居环境"美丽乡村"主题设计活动，与全国16所院校的师生交流，收获很大，感触良多，同时也发现了艺术设计背景的环境设计专业学生所存在的共性问题，重审美，轻理性推导与建构技术……，非常赞同课题组提出的环境设计专业必须走学理化的教学思路，培养具有研究能力设计师的教学理念。而建筑制图课程作为学生进入专业课学习前很重要的一门专业基础课程，在贯穿这样的教学思路、实现这样的教学理念中扮演着重要的角色，学生通过这门课程，能够提高空间思维能力、了解建筑及制图规范、掌握制图、读图、识图能力，更能够强化学理化意识、培养逻辑思维能力，为下一步专业课程的设计研究打下坚实的基础。

# 一、《建筑制图》与环境设计

## 1.《建筑制图》课程

建筑制图的目的是为建筑设计服务,因此,在建筑设计的不同阶段,要绘制不同内容的设计图。在建筑设计的方案设计阶段和初步设计阶段绘制初步设计图,在技术设计阶段绘制技术设计图,在施工图设计阶段绘制施工图。如今,已普遍利用计算机制图以提高效率。

建筑制图之于建筑设计由来已久。在我国,隋代已使用百分之一比例尺的图样和模型进行建筑设计。宋代李诫所著《营造法式》一书,绘有精致的建筑平面图、立面图、轴侧图和透视图等,可以说是我国最早的建筑制图著作。清代主持宫廷建筑设计的样式雷家族绘制的大量建筑图样,称得上是中国古代建筑制图的珍品。1799年,法国数学家G·蒙日出版《画法几何》一书,奠定了工程制图的理论基础。后人又著有《建筑阴影学》和《建筑透视学》等。上述三本著作确立了现今建筑制图的基本理论。

我国高校开设的《建筑制图》课程内容包括建立在投影概念基础之上的画法几何基本内容;建筑图的画法及基本制图规范;轴测图、透视图的绘制原理及在建筑表达上的应用;阴影的做法及应用等。通过《建筑制图》课程帮助初学者建立起建筑空间表达的基本概念,提高空间想象能力和表达能力。在复杂的设计过程中,建筑师要绘制大量的图,包括建筑图(平面、立面、剖面)、轴测图、透视图等,从最初的概念草图到最终的正图。画这些图的目的是为了将建筑师头脑中的建筑形象逐步表达出来,一方面帮助自己思考,另一方面使其他人可以借此了解他的设计意图。而向初学者介绍绘制这些图的基本原理、技巧和方法正是《建筑制图》课程的目的所在。

## 2. 环境设计

环境设计有很长一段时间叫作环境艺术设计,"环境艺术"是一个大的范畴,综合性很强,是指环境艺术工程的空间规划,艺术构想方案的综合计划,其中包括了环境与设施计划、空间与装饰计划、造型与构造计划、材料与色彩计划、采光与布光计划、使用功能与审美功能的计划等,其表现手法也是多种多样的。著名的环境艺术理论家多伯(Richard P·Dober)解释道:环境设计"作为一种艺术,它比建筑更巨大,比规划更广泛,比工程更富有感情。这是一种爱管闲事的艺术,无所不包的艺术,早已被传统所瞩目的艺术,环境艺术的实践与影响环境的能力,赋予环境视觉上秩序的能力,以及提高、装饰人存在领域的能力是紧密地联系在一起的"。

环境艺术设计作为一门新兴的学科,是第二次世界大战后在欧美逐渐受到重视的,它是20世纪工业与商品经济高度发展中,科学、经济和艺术结合的产物。它一步到位地把实用功能和审美功能作为有机的整体统一起来。

我国的设计院校将环境艺术设计作为一个专业的名称,始于20世纪80年代末,彼时的中央工艺美术学院(现清华大学美术学院)室内设计系仿效日本,将院系名称由"室内设计"改成"环境艺术设计"。一时间,国内众多设计院校纷纷效法。

在国家学科目录中环境设计属于艺术设计下的专业,其专业内容包含室内设计和外部环境设计,即以研究和设定室内空间、光色、家具、陈设诸要素关系为目标的室内设计,和以研究和设定建筑、绿化、公共艺术、公共空间和设施诸要素关系为目标的环境景观设计。环境设计专业建立以来的十多年中,环境景观设计借助于室内设计专业的母体迅速成长壮大,加之风景、园林、景观、建筑等专业学术内涵的渗透与融合,"室内"与"室外"由"环境设计"建立之初的两个专业方向逐渐走向两个相对独立的专业,环境设计也逐渐从单一专业成长为以"环境设计"为名称、由众多相关而又不同的专业组成的专业群。

## 3.《建筑制图》与环境设计的关联

根据调查显示,环境设计类学生就业方向是建筑企业、房地产开发企业、室内设计公司、景观设计公司以及相关的设计部门,从事绘图、施工、监理等岗位,识图和绘图的技能是他们上岗就业必备的专业技能。用人单位对学生制图能力的要求主要涉及识图和制图两个层面。企业的要求是:在识图能力上,(1)能较快地读懂一套图纸,理解图纸间的相互关系;(2)掌握查阅技术规范、标准的方法;(3)能用索引符号查找相关标准图集。在制图能力上,(1)能熟练操作常用的制图软件,如AutoCAD、天正等;(2)熟悉制图规范,制图表达准确,尺寸标注清楚合理,文字书写规范;(3)具备一定的徒手绘图能力;(4)能在理解方案或效果图的基础上绘制施工图。

《建筑制图》是土建类专业,当然也包含环设专业的一门技术基础课,其关联式相当紧密,是后续专业课及课程设计、毕业设计的重要基础,理论性与实践性都很强,目的在于培养学生的识图与绘图能力,并直接关系到学生对以后专业课的学习,深远的影响到职业前景。所谓识图的能力是指学生能够熟练识读方案图、施工图、构造图等图样。绘图能力是指学生能够运用工具作图或徒手草图的方式,将自己的设想表达出来。就《建筑制图》课程而言，要达到教学目标，使学生掌握投影原理，有关国家制图标准，具有一定的绘图技能是基础，培养学生丰富的空间想象能力是关键。

## 二、《建筑制图》课程存在的一些问题

### 1. "满堂灌"的教学方式

很多教师为了完成教学内容，课堂教学"满堂灌"。《建筑制图》教材内容多为陈述性、论证性知识，与实际工作分离，尤其是大量的点、线、面抽象而枯燥的内容充斥于教材，"满堂灌"的教学方式使学生失去学习兴趣和信心。初学的学生基础较差，而且没有实践经验，缺乏工程意识，尤其是空间几何知识非常薄弱。《建筑制图》要求学生具有较强的空间思维能力，因此，很多学生学习吃力，对画法几何中较复杂内容更是难以理解。在课上疲于应付、顾此失彼，完全没有自己理解和思考的时间。如果不分主次地讲解教材中的所有内容，将会导致学生学习目标不明确，对重点知识掌握不扎实，在处理实际问题时，无从下手。教学内容与工作过程不能有效结合，造成学习与实践严重脱节。这样的教学效果很不理想，学生的动手操作能力很难得到提高。

### 2. 纸上谈兵多于实战

《建筑制图》作为专业基础课，一般开在其他专业课之前。学习《建筑制图》时，学生根本不具备建筑设计和施工方面的基础知识，对建筑设计及结构设计的要求和原理也不了解，而现有建筑制图学科体系课中，仅仅简单介绍了房屋建筑工程图的阅读和绘制方法。在这种情况下，要求他们绘制和阅读建筑工程图，并且符合视图选择、尺寸标注的要求是比较困难的。结果造成学生在阅读和绘制建筑工程图时，只能将建筑物整体及其各个构造部分作为一个复杂的组合体进行处理。不利于学生的能力培养。

### 3. 与其他相关专业课脱节

现代工程制图要求出图快、精度高、效益好，必须采用计算机绘图。在招聘时，用人单位也将是否能够进行计算机辅助设计作为衡量毕业生质量的重要指标之一。学生在学校就应该具备用计算机快速准确绘图的初步能力。传统的学科教育体系从画法几何、制图基础、建筑工程制图和计算机绘图几个部分，把建筑制图与AutoCAD作为两门独立的课程，分别由建筑专业教师和计算机专业教师讲授。但是这种做法割裂了这两门有关系的课程，教学效果并不理想。在教学中不能将建筑制图与计算机绘图两者有机地结合起来，使得学生尽管学习了这两门基础课，但不能熟练地用计算机绘制工程图样，事倍功半。

## 三、教学改进

### 1. 加强空间想象能力训练

在整个建筑制图课程教学过程中，以培养空间想象与构思能力为指导思想，以图解空间形体为主要线索，以熟练阅读和绘制建筑施工图为最终目的。大学低年级学生，立体几何知识欠缺，空间思维能力较差，学生之间也存在较大的差异，而且建筑制图课中图样所表达的物体是直观的，但图文原理、表达方法以及其他一切概念却是抽象和有一定难度的，这些都给制图教学带来了不小的困难。因此，教师在课堂教学中就应该有效降低学生的学习难度，采取多种形式教学，激发学生的学习兴趣，引发学生主动思考。

建筑制图课堂教学中，教师需要通过投影理论的教学与训练来培养学生的空间想象能力。因为在本课程教学之初的实践中，学生由于缺乏必要的空间概念，教师不但难以很好地传授教学内容，而且也很难把文本中的文字非常到位地进行表达。而多媒体现代教育技术的运用能够将教学中教师难以用语言进行表达的知识进行形象地展示，并且教师可以根据学生的学习情况，对教学重点、难点知识重复播放，或者有意识地延长停留时间，帮助学生形成大脑中清晰的空间方位关系，解决学习过程中的难题。培养学生的观察力是培养学生空间想象力首先要解决的问题。例如，在讲授画法几何点、线、面、体三面正投影的章节时，可充分运用多媒体制作三维模型，让学生根据三维模型或立体图作出其三视图；或由教者先画出形体的三视图，再由学生据此作出形体的三维图形。教学过程中教师要做到有目的、有计划、有步骤、有指导地让学生深入实际接触客观事物，在实践中掌握观察事物的方法，从而帮助培养学生空间想象力。学生找到了二维平面与三维立体之间的对应关系，学生的学习兴趣和学习热情都有了很大的提高，对建筑制图这门课的内容更容易掌握了。

### 2. 与制图软件的结合

在当今世界的建筑行业中，计算机绘图以其无与伦比的优势，早已取代了手工绘图，使用AutoCAD专业软件

绘制建筑图形，可以提高绘图精度，易于修改调整，缩短设计周期，还可以批量生产建筑图形，缩短出图周期。教师应结合学生的实际情况和培养目标，在讲授建筑制图和AutoCAD这两门课程时，有的放矢地制定教学计划和教学方案。在教学中把AutoCAD与建筑制图内容有机地组合在一起，使学生在学习建筑制图时提高AutoCAD绘图能力，在练习AutoCAD过程中掌握建筑制图投影理论，加深对建筑图纸的阅读能力，进而全面激发学生学习兴趣，提高教学效果。在建筑制图课堂上，学生通过学习具体绘图步骤，能够为熟练地运用AutoCAD绘制建筑图形打下基础。教师可以通过一系列具体实例，讲解各种建筑图形的绘制方法。

画法几何、制图基础、建筑制图与AutoCAD基础的学时分配大概1∶1∶1∶1，授课时，画法几何先讲完，之后制图部分与AutoCAD穿插进行，制图部分作业可以徒手画图完成，适时安排上机操作训练，把徒手草图转为计算机绘图，逐步加强AutoCAD绘图操作动手能力。

从建筑总平面图开始，依次讲解建筑平面图、建筑立面图、建筑剖面图、室内平面布置详图、结构施工图、基础图等图纸的基础知识与绘图步骤，向学生展示建筑图纸绘制的全过程。这样，就能使他们在掌握建筑制图与识图的同时，还能用AutoCAD进行图纸绘制，增强他们学习这两门课程的兴趣和积极性，以便更好地掌握这两门课程。例如，学生在学习投影面的各种平行线（面）、垂直线（面）及一般位置线（面）的投影特性的过程中普遍感到困惑，更不用谈如何应用这些知识对形体的线、面进行分析了。这主要是由于图中的点、线、面不像实体一样具有很强的直观性。而在教学中借助AutoCAD生成一些基本体素，再通过简单的定位与组合，即可获得大量的三维模型。在AutoCAD教学中，处处都要穿插建筑制图的内容，让学生知道画的是什么，为什么这样画。很多学生在进行AutoCAD绘图时，不按照国家建筑设计制图标准要求的线型、尺寸标注的样式、图例符号等去画图，画出的图不符合要求。

3．引入体验式教学模式

建筑创作与建筑教育已经今非昔比，那种仅仅在课堂上，从书本中学习的时代已经过去。现在我们面临的是一个建筑新作琳琅满目的时代；一个建筑资讯呈爆炸性增长的时代；一个计算机制图已逐渐取代手工制图的时代；一个计算机可以协助甚至主导建筑设计的时代；一个可以通过实地考察，通过书籍、杂志、报纸、电视、网络、多媒体等手段同步吸纳世界建筑最新、最丰富信息的时代。在这样一个蓬勃的时代背景下，体验式教学在环境设计《建筑制图》课程中的必要性愈发凸显出来。

所谓体验式教学，就是通过个人在活动中的充分参与，来获得个人的体验，然后在教师的指导下，师生共同交流，分享个人体验，提升认识的教学方式。我们的身体是极有智慧的，当一些经验通过我们的身体发生作用之后，它就开始在身体里储存起来，并在需要的时候为我们所用。大学生都已是成年人，成年人教学的特点是"少说多做"，只有在教学过程中设计更多的让当事人亲身参与的主题活动，才会让当事人得到收获。因为领悟力不是老师或培训师教给你的，而是你自己从亲身经验中体会出来的。

现代艺术设计教育的特点要求课堂教学要紧密结合后续的专业课服务，而且也直接影响将来的工作生产服务，因此在教学中更要注重教学的实践性。制图教学在识图能力的教学中，给学生准备熟悉建筑的图纸实例，安排学生到工地现场，观察工程图纸实例，让学生在真实情境中体验图纸表达的内容，让学生深切体验到知识的实用性，增加感性认识。在制图能力培养时，可以结合我们身边能看得见、摸得着的建筑物的实例来复制图纸和从图书馆借到的相关的标准图集来教学，还可以适时地组织学生参观教学，到图纸所涉及的现场参观，这样图物对照，可以增强学生的新鲜感，很快地提高学生的读图能力。比如，建筑制图中讲到建筑工程图，不仅应画出建筑形状，还必须准确、完整、详尽而清晰地标注各部分实际尺寸，这样的图纸才能作为施工的依据。

四、结语

《建筑制图》学科体系不但应立足于培养学生的现实需要，而且还应从社会发展对人才新要求的角度来考虑未来发展的需要，有利于学生以后能随着社会经济发展需要而实现知识的自我更新。要与时俱进对《建筑制图》课程进行改革并非一蹴而就之事，在更新教育观念的基础上，一定要有创新思维，要改变教学中只顾及单门课程的教学而与其他专业课缺乏横向和纵向联系的现状，改善教学手段和方法，注重培养学生的动手能力。这对教师的专业技术水平是一种考验，也是对现行课程设置的一种挑战。它不应只是单方面"教"的改革，而应是"教"与"学"双方面的改革。应努力将传统上被认为是枯燥难懂的建筑制图课发展成为一门旁征博引、承前启后，又有一定设计意味的课程。

学理化、培养具有研究能力设计师的环境设计教学理念，是中国环境设计专业教学未来的发展方向，只有这样环境设计专业才能真正服务社会，建筑制图课程注定在其中扮演急先锋的角色，无论是老师还是学生，都要重视它，更应该教授好它，学习好它。

参考文献
[1] 向欣．建筑制图课程教学改革探讨[J]．广东水利电力职业技术学院学报，2010，10．
[2] 孙靖立．画法几何及工程制图[M]．北京：机械工业出版社，2008．
[3] 纪红梅．开展AutoCAD与建筑制图组合教学的探讨[J]．职业教育研究，2010，S1．
[4] 陈军．浅谈《建筑制图》课教学中学生思维能力的培养[J]．新课程学习：社会综合版，2009，08．
[5] 何培斌．建筑制图与识图[M]．武汉：武汉理工大学出版社，2005．

# 地域景观认知与设计表达
## 2016(四校四导师)环境设计专业毕业设计实践课题的理论与教学思考
Recognition and Expression of Regional Landscape
Theoretical Thinking of the Educational Practices of Graduation Design on Environmental Design of China University Union "Four-Four" Workshop in 2016

吉林建筑大学艺术设计学院　齐伟民教授
Jilin Jianzhu University, Prof. Qi Weimin

摘要：本文通过对2016"四校四导师"环境设计专业毕业设计的主题——"美丽乡村"进行了理论和教育思考，认为美丽乡村建设离不开地域景观的认知与挖掘。从景观的形成过程、构成要素以及演变规律等方面论述了地域景观的客观性，探讨了地域景观的塑造与表达方法，最后梳理了"四校四导师"活动对推动设计教育观念转变和加强设计实践教育的重要意义。

关键词：美丽乡村，地域景观，认知，表达

Abstract: This article, through a theoretical thinking on "Beautiful countryside", the theme of graduation project of 2016 China University Union "Four- Four" Workshop in environment design major, thinks that the construction of beautiful countryside cannot be separated with the cognition and exploration of regional landscape. Then it introduces the objectivity of regional landscape from aspects of the forming process, components and the evolvement rule of landscape, and the article also discusses regional landscape building and expressing methods. China University Union "Four- Four" Workshop has great importance on promoting the concept transformation of educational design and enhancing the design educational pratices.

Key words: Beautiful Countryside, Rregional Landscape, Recognition, Expression

中国建筑装饰卓越人才计划奖暨2016"四校四导师"环境设计专业毕业设计实践教学活动于6月中旬如期在中央美院落下帷幕，今年的选题是建筑与人居环境"美丽乡村设计"。"美丽乡村"在2013年"中央一号"文件中，第一次提出了要建设"美丽乡村"的奋斗目标，进一步加强农村生态建设、环境保护和综合整治工作。众所周知，农村地域占中国的绝大部分，因此，要实现"十八大"提出的美丽中国的奋斗目标，就必须加快美丽乡村建设的步伐，营造良好的生态环境。应该说这次选题就紧紧契合了国家和社会的发展方向，不论是在设计理论方面还是在教学实践方面都具有深远的现实意义。

乡村景观是人类为适应最基本的生存条件，在自然景观的基础上进行各种生产、生活活动而形成的人类聚居地的一种最基本的景观形态。世界范围内广阔的乡村空间孕育了丰富的景观类型，其共同特点是记录了人类活动的历史，表达了特定乡村区域的独特精神，是乡村地域宝贵的文化遗产和景观财富。然而在我国随着城镇化的快速发展，越来越多的地域景观被同质化，"千村一面"、"千镇一面"现象比比皆是，不同区域独特的"乡愁感"和文化传承也随着消散。

"美丽乡村"概念的提出，在一定程度上也是对当下景观趋同现象的批判，是对民族文化身份的追问，是对地域景观特色的挖掘。那么，如何认识地域景观并在景观设计中准确地表达出来，是当前景观设计师面临的主要问题。

## 一、地域景观的客观性

景观都是建立在一定的地域基础之上，并随着自然界的发展演变而不断变化的。自然景观是自然地理过程的产物，人文景观又是建立在自然景观基础上的，是人类改造自然的具体体现。因此，无论是自然景观还是人文景观都是客观的。具体地说，它们的客观性主要体现在景观的形成过程、构成要素以及演变规律等方面：

1. 景观形成的客观性

景观的形成与发展有赖于区域地理环境的发展，它是地理环境演化到一定阶段的产物。自然景观是经过地质历史时期的长期发展而形成的，它反映出了地球表面各种自然地理过程的活动状况及其表现形式。例如，黄山的山石地貌景观是黄山风景区的最有特色的景观主体，自第四纪地质运动以来，山体发生间歇性抬升运动，把断块山体塑造成奇峰峭拔的山地地貌。所以说，黄山的山石地貌景观是地质长期发展的产物，是黄山得天独厚的优势。又如，苏州古城的景观色彩特色鲜明，它以特定的地貌、日照情况、季节和气候、植被等构成城市景观环境的背景色彩，而生存在这个背景下的地域人文历史因素、人与社会对色彩的认知和使用要素，诸如习俗、文化、传统、历史以及意识形态等才是导致苏州古城城市景观色彩形成的客观原因。因此，古城景观形态及色彩的形成有其背后的人文规律，不可主观臆造。

2. 景观要素的客观性

地域景观的构成要素，主要分为自然要素和人文要素两大类。自然要素主要包括：地形地貌、地质水文、土壤、植被、动物、气候条件、光热条件、风向等。人文要素主要包括：居民点、城市、绿洲、种植园等，也包括社会结构、历史文化、生活方式、传统习俗、宗教形式、民族风情、经济形态等。地域景观的属性鲜明地表现在它的构成要素上，这些要素也都是客观存在的。以植物景观为例，长白山上的岳桦林景观在世界山地森林中实为罕见。岳桦的枝干颇具韧性，具有"宁弯不折"和"能屈能伸"性格。研究表明，在岳桦林的迎风处，由于风吹雪压，树干成片地向背风侧倾斜，有的几乎匍匐在地。由于内生根已牢固地深入土壤，使树木生长很旺盛，倒伏树木的主侧枝还能发育成新的植株，这体现了岳桦对环境条件的高度适应性。

3. 景观要素构成的客观性

地域景观是通过地域性的构成要素相互联系、相互作用而表现出来的综合特征。它所产生的生命力表现了地域性景观的动态发展属性。景观构成要素之间的和谐共存，共生共长又使得地域性景观在一段时间内相对稳定。如盘锦湿地景观之所以与其他湿地不同，主要体现在它的要素构成的独特性上。除了红海滩—芦苇荡的平面构成关系之外，还有植物—鸟类的依存关系。广阔的湿地生长大片翅碱蓬，碱蓬草沿海迎潮，绵延簇生，夏天呈桃红色，秋季变成棕红色，犹如一条红色的地毯铺在海滩上，所以称作"红地毯"。因此，盘锦湿地充满原始与野趣的自然环境、珍稀的野生动物，因其独特的要素构成，吸引着众多游客。

4. 景观演变的客观性

自然景观依照本身的自然节律和变化周期演变与发展，由于自然干扰无时不在，随着时间的演替，自然景观逐渐适应了干扰过程，景观演替就是在适应各种干扰的过程中发展和形成的。而人文景观是建立在自然景观基础上的，反映人类生存繁衍的过程，是人类行为的主要载体。无论是自然景观还是人文景观，都是发展的并具有生命力的景观形态，是随着自然界的发展演变不断变化的，并周期循环。在一定意义上，人们所看到的景观现象或景观格局就是某一时刻景观演替的瞬间平衡。地域景观的动态发展过程并不是被动的适应人类的活动或自然的演变，而是在人类改造自然，自然影响人类的过程中主动发展的过程。地域景观的动态发展过程是人类有效的，并在自然可承受的范围之内合理利用、改造自然的具体表现。

## 二、地域景观的塑造与表达

1. 地域景观体系的识别

在长期发展过程中，由于地域景观的各组成要素之间相互联系的形式不同，而形成了不同的景观结构，进而形成不同的景观体系。这个体系是复杂的，包括各组成要素在数量上的比例、空间上的格局、时间上的联系方式及各层次关系等。识别地域景观体系的前提是对地域内的所有的物理、生物以及人文过程有一个全面而翔实的了解，明确地域所在的地理区位是广泛收集资料信息的第一步。地理区位是指地域及其周围更广泛的一切物质的空间关系，是一种随着自然发展而变化的地理因素，它决定了地域的个性和发展前途。只有明确地域所在的地理区位之后，为实现某些目标，才能全面、系统地收集所需要的资料和信息。必须指出，对信息的系统调查应以对自然生态过程的理解为目的，而不仅仅是数据的收集。明确了地理区位并了解其地质地貌运动规律之后，才是对区域环境中的自然要素与人文要素的逐个识别。

2. 地域符号元素的抽取

在识别了地域自然与文化资源，了解了景观要素的组成与空间格局之后，为了使地域景观特征有效地表达出来，就要对地域景观的元素、符号进行抽取和提炼，为景观设计提供素材。所谓地域符号是人类将传统图形、色彩、传统文艺、民俗风情、历史遗迹等这些地域文化现象，转换成符号的形式作为一种信息传达工具。抽取地域符号之前要对地域景观进行分析解读，把设计所需的各种素材加以分析、整理和归纳，而后进行科学分析、适当取舍，最后形成初步设计的素材，也是景观设计的第一步。就景观设计而言，能够代表该地域特征的素材很多，如当地的风土人情、自然环境、宗教信仰、民间传说、历史事件和人物、考古发现以及特色老店等。这些素材可以从书籍、网络或是实地调研中加工整理后获得。此外，可以通过深入调研、乡间采风，挖掘当地风土人情、地形地貌、民风民俗等，经整理加工后而获得，为正确地把握场地精神、地域文化做铺垫。

3. 地域特色与现代手法的融合

由于技术的进步以及材料的不断更新、社会需求和人们观念的改变，照搬传统符号原型最终导致符号的叠加和机械的复制，不能满足人们的需求，可以通过采用现代的手法进行抽象、异化、重新组合等将传统符号改造使之得以再生。多采用地方材料进行景观设计是当前地域景观设计的普遍做法。地域特色表达常用具体的手法包括隐喻、抽象和替换。景观上的隐喻是指用景观设计要素、设计手法表达某种其他领域的含义；抽象，是指对所引用的片段或局部，在不改变符号表达的意象的基础上进行简化、提炼和加工，去除复杂、繁琐的细部构造或装饰，同时使得被引用对象更具有典型性，表现景观的空间结构特色；替换，是指在保证原有符号的内涵不变的情况下，用新材料、新形式等代替原来符号的部分或全部的景观设计手法。

4. 自然风貌与历史文化的表达

地域性不仅仅代表对传统的回归，而应是地方的自然环境、人文历史，赋予景观新的理念和精神，满足当代人的生活需求。地域性不能只是在外在形式上对传统的模仿和再现，更多的是通过新的手法表现其现代文化的价值取向。地域性的研究不是单纯地对传统的认可与继承，而应是对地域环境内涵的认知，对地域发展变化的尊重，是随着时代的变化而变化发展的。如果仅仅从地区景观自身出发，作为创作的唯一源泉和途径，民族性和地区的传统便会成为一种惰性。仅从统一性来看，又会失去景观的个性与特色。因此，面对当前的世界发展趋势，现代景观的走向应该是，现代的设计理念、设计手法、技术手段与地域自然、历史文脉、场所精神相结合的产物。

5. 设计符号的应用与体验

符号应用方式可以分为直接应用和间接应用，从景观设计的服务对象人的角度，又可以将符号应用分为视觉识别层面、听觉识别层面、心理导向层面的三个层次。视觉识别层面、听觉识别层面属于符号的直接运用，指在设计中，设计对象本身就是以符号的形式出现的。心理导向层面属于符号间接应用，再设计并明显存在，而是经过抽象、重组后含蓄地传播信息的一种应用形式。视觉识别层面包括雕塑、景观小品、街道家具、颜色、材料等视觉要素在景观设计中的综合运用。听觉识别层包括语言符号、音响符号、音乐符号，听觉符号存在要素是声音存在并具有一维时间性。

## 三、"美丽乡村"课题与"四校四导师"教学的思考

"四校四导师"活动到今年已是第八个年头，活动每年上学期贯穿整个毕业季，包括前期准备、现场调研、开题答辩、扩初设计、两次中期答辩、深化设计、毕业答辩和评奖颁奖及展览等完整的一系列环节，今年又升级为"4×4"建筑与人居环境"美丽乡村设计"模式。随着社会的不断发展对人才的素质和能力提出了新的要求，尤其对人才解决实际问题的能力、创新能力和协作能力有着迫切的需要。在这种形势下，加强实践教育的诉求日益突出，人们对实践教育的理解也逐步趋于成熟。实践教育并不等同于实践教学环节，而是指在大学人才培养的过程中贯穿实践教育的思想。实践教育作为一种教育理念，不仅是指实践教学活动，更指在人才培养工作中体现的具有一定方向性和系统性的实践育人思想。为此，从加强实践教育这个意义上来看"四校四导师"活动进行了可贵的探索。

1. 促进设计教育观念转变

实践教育往往以工程设计实践和社会实践相结合的原则为指导，组织学生参与工程设计和社会实践，并从实践活动中生成情感态度、实践认知和设计价值观，使学生达成知行的统一，进而提高学生的社会责任、创新精神和实践能力的全面设计素质。然而我国当前设计教育更多的是与社会隔离，与生活脱节，与工程疏离。重认知轻

实践，重理论轻能力的设计教育观念在我国还是比较普遍的存在。社会的快速发展对人才的要求由偏重知识转向看重能力，教育的目标不仅仅是传授给学生确定的知识，而是培养学生的学习能力和解决实际问题的能力。因此"四校四导师"活动其重要意义是在于以此项活动推动环境设计教育观念的转变。在工程设计实践和社会实践相结合方面，特别是推动建筑及环境设计教育观念转变方面所具有的现实意义也就不言而喻。"四校四导师"活动从实际工程课题到项目现场踏勘调研、从企业一线设计名师到名校大师亲临点评、从多校师生参与到现场交流互动、从体验不同院校教学到参观考察名校名企等等，所有这些都是贯穿在前期调研、场地解析、生成策略、功能布局、空间形态、材料建构等方面一系列的环节。无论是项目调研深化设计，还是参与互动交流碰撞，都不仅是从关注学生认知能力的发展，更是关注学生从事实践活动所需要的多种能力和全面素质的发展出发，为学生搭建一个实践的情境和真实的平台。

2. 拓宽设计实践教学途径

设计实践是设计院校的基本教学途径，然而很多时候我们把教学活动却基本上局限于校内的课程教学，实践教育应使教学途径突破课堂形式，延伸到社会和业界，使校内外、课内外相结合，建立了一个开放的教学体系，社会与业界不仅成为学校教学的宽广舞台，更为教学提供丰富的资源，同时也为教学效果提供客观的评判和真实的检验，将教学活动拓展到课堂以外，对于培养学生适应社会工作挑战的能力具有重要意义。比如今年的选题建筑与人居环境"美丽乡村设计"，而且把开题的地点定在河北承德平泉县，使老师和学生更好地感受体验乡村的地理地貌等自然环境，同时让学生深入乡间地头进行实际踏查，使学生充分了解基地现状为更好地形成自然条件、区位交通和历史沿革等分析提供切实可行依据。通过这样的教学活动改变了过去只是信息上的进行交流学习，实现与场地的直接交流与体验，使参与活动的师生增加了现场感受、拓宽了视野。

3. 构建新型设计实践体系

环境设计和建筑学教育领域缺失实践教育的指向不外乎理论建构与实践教学。课程和毕业设计更多是没有实际背景的虚拟任务，即使是真题真做也很难充分保证各个实践环节，不可能接受工程实践的检验，学生完成的设计作业大多是没有建筑材料和结构工艺的所谓成果，这样的实践教学环节存在明显的局限性。"四校四导师"活动是由中国建筑装饰协会这个国内权威行业协会牵头，核心实践教学团队则由国内顶尖设计大师中央美术学院建筑设计研究院院长王铁教授、苏州金螳螂建筑装饰研究院院长王琼教授这样一批具有丰富实战经验老师挂帅。同时聘请了多位活跃在国内设计领域一线的名家担任"设计实践导师"。这些实践导师利用开题、中检和答辩对每一位学生进行课题点评辅导，充分保证设计过程的同工程实践的直接对接，最大限度地接受工程的检验。在这些过程中，这些实践导师和各高校责任导师共同探讨、探索并基本形成了环境设计本科毕业设计实践教学课题新模式。这一模式是基于对实践性较强的环境设计专业的本质性理解，一方面让我们关注到设计教育与职业实践的衔接，另一方面，是相对于建筑及环境的功能、空间与形态的设计训练，这一实践体系更加关注设计的本质要求。包括关注内在的材料、建造和逻辑等因素和外在的对场地、施工和策略等因素，这些恰恰是环境工程实践与理论的本质内容，绝非理解为装饰构造或施工工艺那样的局部内容。

"四校四导师"的探索充分关注了环境设计与建筑专业实践体系的教学发展，八年来"四校四导师"活动的成功开展及其良好的运行模式，在学业界引起广泛的社会反响和赞誉，受到越来越多高校的青睐，许多学校以极大的热情纷纷表示加入的愿望。所以可以肯定地说，"四校四导师"实践教学模式为我国环境设计教育的发展起到了无可替代的实践示范作用。随着高等教育的发展与改革，产生了许多新的理念与思潮，这些理念思潮为大学实践教育理念的兴起和发展提供了理论先导和背景。可以看出，"四校四导师"对设计实践模式的探索，正成为我国环境设计及建筑学专业教育内涵强化与独特定位的重要方向。

# 同质性与异质性
## 2016创基金（四校四导师）4×4建筑与人居环境"美丽乡村设计"课题
The Homogeneity and Heterogeneity of Environment Design Teaching
The Experiment Project of Chuang Foundation (2016), 4&4 Workshop, Architecture and Human Settlements "Beautiful Country Design"

广西艺术学院　陈建国副教授
Guangxi Arts University, Prof.Chen Jianguo

摘要：2016创基金（四校四导师）4×4建筑与人居环境"美丽乡村设计"实验教学课题在北京中央美术学院结束，参与课题的中外16所大学收获与分享课题平台带来的交流与成果外，对课题教学过程中出现的某些问题进行反思和总结，探讨来自不同办学条件和不同办学背景下的中外16所大学环境设计、建筑设计、风景园林等专业办学理念、教学模式和师资队伍建设等诸多方面，具有"同质性表征"和内在结构上"本质内核异质性"特征，明晰以上二者之间的关系，准确定位办学目标，为地方同类高校教学模式、人才培养、师资队伍建设提供思考。

关键词：环境设计教育，四校四导师，同质性，异质性

Abstract: The experiment project of Chuang Foundation (2016), 4&4 Workshop, Architecture and Human settlements "beautiful country design" was finished in China Central Academy of Fine Arts, Beijing. 16 universities shared their achievements and rethought the problems they met in the experiment project. It discussed the education conception, education model and teaching staff construction of 3 majors from 16 different universities, including environment design, architecture design and landscape. The relationship between the external characters (Homogeneity) and internal structures (Heterogeneity) of that should be defined. Finally, it could offer consideration of the education model, talent training and teaching staff construction for other universities.

Key words: environment design education, 4&4 Workshop, Homogeneity, Heterogeneity

坚持走过八年的"四校四导师"环境设计实验课题探索成果奠定了教学发展的基础，是检验各校一年一度教学质量与进步的度量尺。各校导师能及时从就业学生工作情况反馈和用人单位评价来验证教学质量，根据教学大纲要求修定和调整教学计划，教学实现有序规范化是迈向良性和可持续教学的共同点。环境设计是一门强调社会性、实践性、整体性、系统性的研究及实用性学科，"四校四导师"环境设计实验课题教学通过八年不间断地探索和总结，在承认彼此之间差异性的基础上教学。核心院校以其雄厚的师资力量和丰富的办学经验，用传、帮、带的方式与地方院校共享资源平台，带动和提高地方院校师资水平，使各校教学质量均上个台阶，差异性相对缩小。

## 一、环境设计教育的同质性与异质性概念
### 1. 同质性与异质性概念

长期以来"同质性"与"异质性"一直是社会学家和经济学家研究与争论的话题，用学术界的话来说，对社会现象存在着非此即彼的研究倾向，即"传统—现代"二元对立思维模式。"具体到这两种社会的基本特质就是，传统社会是一种具有共同价值取向、同质性很强的社会，而现代社会则是一种价值取向多元、异质性很强的社会。""一般地讲，'性'即'质'，一种属性之所以是它自己而不是另一种属性，就在于它是一种有特殊规律的'质'，属性之不同，也就是它们的'质'不同，即'异质性'也就是指属性之间各不相同的特点。"如此，属性只有与自己才是同质的，反之无同质可言。就是说，只要讲属性，"异质性"为题中之义，而"同质性"为乌有，对两个概念而言均无意义，只有涉及实体时，这对范畴才有意义。任何个体事物身上都杂有各种属性，如果此一事物具有某一属性彼一事物亦有这一属性，我们说这两个事物具有"同质性"；反之，如果说此一事物具有某一属性而彼一

事物没有，那这两个事物就具有"异质性"。

2. 环境设计教育同质性与异质性问题

同质性是相对于异质性而言的，从单一学科专业培养目标而言"室内设计"与"建筑设计"不属于"同质性"范畴；"景观设计"与"风景园林"具有更多的"同质性"倾向。以上专业都属于空间设计范畴，它们之间又多少有些相似的属性，在各自专业设置上只注重与自己学科直接相关的知识，相互间缺少关联，差异性扩大，可能造成同类院校专业之间外在同质性表征，本质内核异质性。这些差异还不至于造成内容与形式的分离，是可以调和兼容的，但前提是，同质性原则下。

伴随着现代社会各行各业市场分化与分工加速，现代社会也有加速异质化的趋势。为适应这一趋势，环境设计教育应做出人才培养和专业基础课程设置上的调整，在人文、艺术学科的基础上调整知识结构和增补新内容，特别是完善工学基础课程的设置和学理化规范，是各校之间同质性教学基础的保证。

3. 坚持同质性原则

"设计教育在发展初期需要遵循'同质化'标准，因为'同质化'是通往更高平台的第一条件，是建立科学教育规范的阶段性保证"。相信多数参加"四校四导师"实验课题的地方高校正是冲着"同质性"标准来的，而不是来表达自己多么的"异质性"。虽然现代社会的本质内核是"异质性"的。但是，大家都知道现代社会的重要标志就是工业文明，而工业文明的重要标志恰恰是"同质性"。中国高校教育缺失和错过了18世纪的工业文明，不能再错过今天中国自身的工业化浪潮。回顾第八届"四校四导师"中期汇报，有不少学校在工学基础教学环节不足或欠缺。所以，各校办好环境设计教育，满足社会人才需求，这道坎必须得迈过去。

## 二、环境设计教育人才培养模式的异质性思考

一年一度的"四校四导师"实验课题为中外16所大学环境设计、建筑设计、风景园林等专业办学理念、教学模式和师资队伍建设方面提供了难得的交流平台。由于学科背景、学校区位优势等有不同的人才培养模式建构，其中一些基本范式值得我们共同探讨，不一定适合，只起到抛砖引玉的作用。

1. 环境设计设置4个专业方向

拓展细分4个专业方向（各院校可根据自身区域市场需求设置），环境设计学科人才培养模式可以设置4个相近的专业方向：环境艺术设计方向、室内设计方向、景观设计方向、景观建筑设计方向。4个不同的专业方向培养模式与课程设置各有所侧重。专业方向课程改革可依地方用人市场细分需求进行调整，如室内设计方向除保留建筑基础课程外，不再开设景观设计相关内容课程；景观设计方向除保留建筑基础课程外，不设置室内设计内容；景观建筑设计方向除室内设计课程相关内容不开设以外，偏重于建筑景观环境设计；环境艺术设计方向保留传统课程设置，即兼顾室内环境设计、景观环境设计还涉及建筑环境设计，可以这么说环境艺术设计方向起到连接其他3个专业方向的作用。环境设计拓展细分4个专业方向，对异质性的社会市场需求起到无缝连接的作用，符合市场分工越来越细的客观要求。

2. 人才培养模式

人才培养模式可以考虑"1+3"或"3+1"的模式，根据各校学科背景不同和区域优势进行调整。"1+3"模式，即入学第一年开设相关专业公共基础课程为主，好处是，发挥理工科背景优势学校或者人文学科背景优势学校的学科优势，避免资源浪费，同时拓宽与夯实学生的学科基础，后三年进入专业和实践课程学习。宽口径、厚基础、强专业、重实践是1+3培养模式的重要内容；"3+1"的模式，"3"是指基础课程与专业理论课程，"1"是指实践课程的深化。第6学期提前完成毕业设计和毕业论文撰写环节，用第四学年一年时间以实践教学环节为主，与教学实践基地合作，双方共同制定实践教学计划，学生由课程导师和企业导师带领，全年进入企业实践学习。这样的好处是学生毕业后到用人单位就业零实习。但是，这一模式管理上难度不小，还需要进一步讨论。

"3+2"模式，国内一些名校采取与国外知名大学联合办学，采用本硕连读的一种教学模式，即入学后三年在国内完成本科学业，后两年到签约的国外知名大学完成硕士学业。

3. 招生模式

"按大类招生、通识化发展"这是目前国内多数理工类大学普遍采取的做法，即学生入校后经过一至两年的基础学习，对学科专业和社会需求有了一定的认识了解后，重新定位选择专业方向学习，避免入学前对报考的专业认识不足，选择上难免会有些盲目性。重选专业方向的办法采用双选制，按照个人志愿，系部考核平时成绩和参

考学生个人志愿等因素,分流到同类学科下不同专业方向继续深造学习,符合高校人才培养的初衷。

### 三、"四校四导师"实验教学平台是构筑环境设计卓越人才的孵化器

"四校四导师"实验教学平台更像是一个"同质性"与"异质性"共存的孵化器,由来自中外16所不同地域和国家的教学团队、企业团队组成,不同的地域文化背景造就出不同的文化认知差异,具体表现为:民族文化差异、地理环境差异、学校与学校之间差异、学校与企业之间性质差异、师资结构与水平差异、学源结构与水平差异、学科背景差异、办学理念差异以及办学条件差异等,这些差异构成孵化器"结构内核异质性",同时也存有实体与实体之间的"逻辑同质性",正因为如此,某一学校的教学经验作用于另一学校成了可能。

#### 1. "逻辑同质性"与学科认同

中国的环境设计专业从20世纪60年代创办起发展至今,成功地从原来美术院校、艺术院校逐步发展到国内一千多所高校争相设置,得益于时代的发展需求,特别是中国城市现代化的发展。专业内容从室内设计扩展到景观设计,这也是顺应了时代发展的潮流。但是,我们应该看到与环境设计(景观设计)相类似的风景园林学成功的发展过程。风景园林规划设计在建筑学一级学科中仅仅作为城市规划与设计的一部分,几乎边缘化的三级学科或研究方向,却能脱颖而出,成为时下最具发展潜力和影响力的一级学科之一。在2011年3月国务院学位委员会、教育部公布的《学位授予和人才培养学科目录(2011年)》中显示,"风景园林学"正式成为110个一级学科之一,列在工学门类,可授工学、农学学位。在风景园林成为一级学科后迅速界定了该学科的内涵、基础理论和范围,其定义是用艺术的手段,处理人、建筑与环境之间复杂关系的一门学科,在美学理论上反映科学与艺术、精神与物质结合的特点。不难看出,风景园林学科的内容与范围有与环境设计多处重叠。之前,部分在工学、农学背景下开设环境设计专业的高校,也迅速做出了相应的调整,更名为风景园林。不少美术院校与艺术类院校也纷纷效法,这是时代发展的大趋势。环境设计与风景园林这两个学科,实体与实体之间有着较为相似的内涵,存在着"逻辑同质性"认同上的差异和困惑。

#### 2. 差异性与结症

两个几乎同时期发展起来的学科竟有这样差异的结果,究其原因,根源在其不同的学科背景,一个是从人文艺术学科下发展起来的环境艺术设计;另一个是从理工类的建筑、农林学科下发展起来的风景园林,两者都具有当时中国城市现代化高速发展的良好环境和机遇。问题在于环境艺术设计专业在发展最顺畅的时期没能抓住机遇,定位模糊,学科理论没能及时跟上,师资队伍学缘结构单一,多数人文艺术背景的院校工学基础知识相对薄弱,业界没有相应的规范和标准,过于强调环境建设中的审美情趣与精神诉求,甚至夸大艺术在环境中的作用,忽视生态学在全球城市建设与环境治理方面所起到的重要作用,对"环境"一词所包含的意义,以及与之相关的综合知识与学科基础、理论和前沿科学认识不足。而风景园林的发展过程恰恰与之相反,建筑、规划、园林三位一体的格局已初步形成,紧密联系,且拥有强大的工学建造基础与理论知识,横跨工、农、理、文、管理学,融合科学和艺术等。符合时代发展的大潮流,将担负起今天中国城乡建设的重任和主力军。所以,两相对比,风景园林学以其基础知识宽厚扎实,理念先进,获得国家一级学科定位实至名归。同理,环境设计教育要上更高一级台阶,必须拥有扎实的工学建造基础和创新性的技术能力,拥有前瞻性的创造思维和审美综合理念。这还不足以完善自身,还要对一些固有的核心概念重新审视,对"艺术"与"技术"要有理性认识,"技术"优先于"艺术"符合现代主义功能至上理念。艺术设计学的前身"工艺美术设计","工艺"代表着建造与技术是优先于"美术"考虑的,这说明前辈们的定位与理念是多么清晰朴实,虽不时髦,但它比今天的"艺术设计学"准确。

#### 3. 卓越人才培养

卓越人才培养更需要一支卓越的师资队伍,"教育的核心是教师,教师的质量决定了学校的质量,学苗的质量取决于教师的学术水平和知识框架的好坏。"长期以来教师的质量一直是制约各高校发展的瓶颈,特别是地区高校,师资力量普遍不足,优质的教师更是缺乏,不少边疆地区高校所处地理环境上的劣势,很难吸引到优质的教师。这样的局面短时期内很难改变,将长期制约学校的发展。

"四校四导师"实验教学平台汇集了来自国内外16所高校的教授、院长、学科带头人,特别是在名校、名企和名师的带领下,自2008年创办以来已走过八年的实验教学历程,据资料统计,"参加院校累计投入的教师人数:教授23人、副教授28人、讲师12人,累计培养合格学生总数500人,实践导师团队投入企业高管和设计院院长为20人"。"四校四导师"实验教学历经八年的探索,为中国环境设计、空间设计、风景园林教育积累了丰富而宝贵的

财富，为企业和用人单位输送优质人才，为各高校带来了丰富的教学经验与理念，打破院校之间的壁垒，增加了校与校之间、校与名企之间的广泛交流。"四校四导师"实验教学模式更像是个孵化器，在这个孵化平台里除孵化优质人才外，还为地方院校培育与孵化优质的教师队伍。为此，各校除责任导师固定参加外，轮番换上骨干教师参加或观摩学习，借此提升教学能力，缓解因优质师资不足的迫切问题。

此外，"四校四导师"实验教学平台还是个流动的孵化器，每年都会轮流到参与该教学活动的地方院校举办，让更多的高校受益。地方院校还可以借此机会让"四校四导师"一流的学科专家组到校指导教学工作，共享成果。

## 四、结语

环境设计自从学科创建以来就呈现其多样性的一面。"四校四导师"实验教学平台更是将全国大江南北，地理环境迥异的兄弟院校常年定期聚在一起。呈现出多样与差异，"差异性"是他们交往的正当理由和魅力所在。但大家在一起又在培育和设计着某种共同的理想，并为此理想制定准则，制定准确的时间与程序。实验教学本来就是一种前沿的教学过程，探索与求知是迈向这一未知领域的动力。教授们一直在寻找与设计某种可控的程序，使产品沿着正确的方向出品，并对其质量与自我进化智能高度可期。要达到这样的预期，各校责任导师还有许多的基础工作需要建设完成，第八届留下的问题，需要总结和改进，调整教学大纲和制定新的教学计划，使教学质量逐年提高，如此良性循环，环境设计、景观设计、建筑设计和风景园林教学将会有美好的明天。

参考文献

[1] 周建国．同质性与异质性——关于现代社会特征的一种解释[J]．社会科学家，2009，12．
[2] 徐长福．论人性的逻辑异质性[J]．吉林大学社会科学学报，2001(09)．
[3] 王铁．再接再厉2015创基金四校四导师实验教学课题·中国高等院校环境设计学科带头人论设计教育学术论文[M]．中国建筑工业出版社，2015：33-34．

# 设计·交流
## 关于"四校四导师"联合毕业设计实验教学的思考
### Design & Communication
### The Thinking of the Teaching of the 4&4 Workshop Graduation Design Project

中南大学建筑与艺术学院　朱力教授
Zhongnan University, Academy of Arts & Architecture, Prof. Zhu Li

摘要：交流扩展了设计学科的概念，成为当下设计学科最为重要的特征之一。"四校四导师"实验教学课题为交流提供了一个平台，并为保障交流的有效性制定了一系列实施措施，为我国设计教育的发展提供了新的动力。

关键词：交流，四校四导师，环境设计

Abstract: In contemporary, communication which is extends the conception of design, is one of the most important characteristics of design. "4&4" practical teaching project provides a platform for communication and formulates a series of measures in order to gurarntee the effectiveness of communication.It provides a new impetus to the development of our education in Art Design.

Key words: communication, "4&4" practical teaching project, environmental design

设计的概念具有多元化与模糊性的特点。有观点认为设计是将价值观、计划、设想通过某种形式表达出来的过程，这侧重于将设计诠释为一种人类的行为过程；另一种观点认为设计是造物的活动，是人类通过劳动，创造精神与物质财富，这种解释通过设计的目的来阐述其概念。其实，无论以上哪一种观点，都是在设计学科内部对其所下的定义，无非前一种定义侧重于描述设计作为一种过程；后一种定义侧重于描述设计的目的。其实在设计学科的发展历程中，面对不同的历史语境与时代挑战，研究者一直在探寻设计学科的边界。由于设计学科兼具人文艺术与自然科学的特征，研究视域非常广阔，学科边界也一直伴随着研究视角的更迭、转换而扩展，这种扩展是与不同的学科、文化及价值观的跨界交流而形成的，因而，在当下，交流成为重新诠释设计学科更为关键的特征。

## 一、设计即交流

以我国的环境艺术设计学科的发展为例，环境艺术设计专业的前身是室内设计专业，在我国发端于20世纪80年代，1988年原中央工艺美术学院"室内设计系"率先扩展专业，更名为"环境艺术设计系"。看似只是专业名称的转换，实则代表对环境设计概念的更新与扩展，早先国内只有室内设计专业，研究的对象主要是建筑室内环境，而更名后的环境艺术专业则关注于将室内与室外环境当成一个整体，通盘考虑。因而关于更名后的环境艺术设计专业所要考虑的空间问题的范围显然更大了。学科概念的转变是基于新的时代语境与社会背景发生了变化，生态意识与人文意识在学科领域内产生了重要的影响，环境艺术设计学科也由单纯地强调室内环境的设计转向强调一种环境整体意识来协调人与环境的关系。环境成了连接人与自然、人与社会的场域，对环境的艺术设计代表一种价值观的嵌入，一种对人与环境关系的伦理审视，其目的不仅是在物理空间的营造层面寻求一种基于审美、功能等层面的考虑，而是要在更大的人文关怀与生态背景下去重新审视人与环境的伦理关系。环境艺术设计学科的内涵发生了转变，这一次转变可视为在多学科交叉与多元文化交流的氛围下对于环境艺术设计专业的再认识。由此可见，交流对于环境艺术设计学科发展所具有的重要意义。

交流不仅能够促进设计学科的发展，更进一步地说，设计就是交流——环境设计就是在不同的话语体系、研究对象之间游走，进而寻找一条以空间为线索的学科边界。正是在这种交流中，环境艺术学科不断审视自身并寻求新的发展。同时，交流作为学科概念发展的动力，也体现在环境艺术设计学科的教学当中，"四校四导师"毕业设计实验教学课题就为当下的环境设计教学提供了一个新的平台，也从教育理念层面再一次重新诠释了设计即交流这一重要话语。

## 二、交流——四校联合毕业设计课题的宗旨

"四校四导师"联合毕业设计实验课题(以下简称"四校四导师"实验课题)从2008年底开始至今已经第八届了,起始于以中央美术学院、清华大学美术学院、天津美术学院牵头,共同创立的"3+1"名校教授实验教学模式。此实验课题意图打破院校间的壁垒,实现不同院校学生与导师之间的交流,为环境艺术设计学科的发展探索出了一条行之有效的模式。2014年,"四校四导师"实验课题决定以"4+4+4"模式确定今后5年发展原则,提出4所核心院校、4所知名基础院校、4所知名支撑院校、邀请2~4家知名企业共同完成一次开题答辩、两次中期答辩、一次最终答辩暨颁奖仪式,整合了不同学校的教育资源,并且创新性地加入社会知名设计企业的教育资源来共同为环艺专业的学生的毕业设计课题进行辅导、点评,开阔了学生的研究视角,并形成了校际学生、导师、知名设计企业导师之间的交流与互动,成为新形势下环境艺术设计教育新的探索。随着课题的深入开展,越来越多的院校设计类专业参与到实验课题中来,其中还包括匈牙利佩奇大学,为课题的跨国家、跨文化交流提供了更进一步的条件。

交流是设计的基础,也是本次实验课题的教学特色。

兰德·J·斯皮罗等学者提出的"认知弹性理论"认为:交流是在高级学习中修补具体缺失的有效线索。强调要理解复杂性知识,必须要在不同的时间、不同的情境脉络、以不同的方式、为了不同的意图、从不同的视角反复访问同样的概念。提出将概念应用的具体例子放在一起展示出来,令人同时看到一系列概念的应用,才能较容易地看到概念的演化,方便在知识元素之间建立多重链接,为非线性的、多维的学习创设教学的情境脉络。在"四校四导师"实验课题设计教学中,导师宜精心设置讨论的话题,并从不同的角度对知识点进行多种阐述,不同导师不同角度的解读有时是错位的,甚至是矛盾的,而这恰好能够激起学生探究的兴趣和讨论的热情,在此过程中,学生也会提出自己独特的看法,从而培养他们敢于质疑的精神,而批判性的思考正是设计创新的起点。

通过"四校四导师"实验课题的教学模式,达到以下四个层面的交流:

(1) 校际学生之间的交流

对设计专业学生的成长至关重要的就是设计的观念与眼界。通常校内封闭式的毕业设计过程相对来说较为僵化,因为院校的课程设置、培养模式都按照统一的培养方案来执行;同时,师资团队也相对固定不变,虽然有助于学生系统地接受本校教育理念所梳理出的环境设计相关专业知识,但是所有学生在四年求学的过程中皆处于同一种教学模式与教学观念的影响之下,对于环境设计专业的认知难免有局限性。四校联合毕业设计课题所搭建的平台提供给每个学校的学生交流的机会,使学生们能够意识到不同的教育理念下对于环境艺术设计专业的理解,这种对于专业理解的差异化有助于学生们形成更加客观、全面的对于专业以及不同设计价值观的认知。同时,通过观摩外校学生对相同主题毕业设计课题的论述与研究,能够令本校学生审视自身的知识结构体系,对自身知识架构的特点与缺陷有一个正确的评估,从而进一步明确学习的方向。可以说,四校联合实验课题项目,通过这种交流机制开阔了学生的眼界,完善了学生的设计理念,为学生的专业成长提供了更广阔的视野。

(2) 校际导师之间的交流

参与四校联合实验课题项目的导师组也云集了各个高校环境设计专业顶尖的师资力量。并且由于每个学校都具有各自不同的教育理念与地域文化,在教学组织与实施上又具有各自的特点与优势。因而,校际导师之间也存在着一定程度上的交流与跨界。这种交流与跨界首先存在于差异化的设计理念的碰撞:校际之间的导师由于自己的研究领域以及关注对象的不同,对相同的专业问题存在有不同视角的解答,某些情况下甚至意见相左。然而,这种差异化却能够使得导师们在四校联合毕业设计指导过程中,在保持自身研究领域优势的同时,从更广阔的视域来获得关于环境设计专业更具包容性的观点,同时建立良好的沟通与交往。其次,这种交流与跨校也存在于不同教学模式与教育理念之间的对话。各个院校导师都有一套独有的教学组织与实施方法,以及引导学生思考的独特途径。因而,四校联合毕业设计课题项目也成为导师们跨校交流学术观点与教学理念的良好中介。

(3) 校内师生与企业导师的交流

关于环境设计学科的教学模式而言,理论与实践相对于学生培养具有同等重要的意义。学生对于环艺专业的学习既不能够"闭门造车",一味研究抽象的理论;又不能够偏废于实践,不对实践结果做出理论的反思。没有理论支撑的实践寡如一杯白水;而脱离了实践的理论又成为一种不切实际的冥想,难以检验其正确性与可实施性。学院式的培养模式与设计企业的培养模式往往成了学生专业成长的两极,如何融合这两种偏好不同的培养模式成为大多数院校环境设计专业教学所研究的课题。现在部分院校已经开始反思如何将实践与理论相结合的培养模式

运用到学生的专业培养上来。拿中南大学建筑与艺术学院的环艺专业培养模式来讲，针对环境设计专业实践性强的特点，本院建立了产、学、研相结合的教学体系，除了相关的设计理论教学之外，在教学计划中还安排有足够的实践教学环节，以教授设计工作室的设计项目拉动实践教学；注重学生理论与实践能力的双重培养，并且在实践环节中会聘请一些企业设计专家，与校内老师一起，对学生设计作品进行基于理论与实践双重维度的评价。四校联合毕业设计实验课题也采取了校内导师与知名企业导师共同对学生毕业设计进行指导的机制，从而保证了设计课题具有理论与实践的双重意义。而且，在这一过程中，校内导师与企业导师分别从理论与实践两个层面启发学生对于设计课题的多重认知，关注学生毕业设计课题的理论高度与建构的完成度，使学生的毕业设计具有一定的理论支撑之外，还得以落地，成为可以实施的设计成果。校内导师与企业导师通过这一途径也完成了一定意义的交流，通过沟通与了解，将对方所关注的视角纳入到对于学生专业培养模式的改进中来，达到教学过程中理论与实践相平衡的目的。

(4) 中外师生的交流

"四校四导师"实验课题还为学生提供了与国外导师以及学生沟通交流的机会。由于一直以来受到本国导师的教育理念以及教学方法的影响，学生对于设计研究以及设计创作产生了一定的思维定式。国外导师的点评为学生提供了多元文化的视角以及教学方法，用以完善其毕业设计的构思，能够使学生借鉴更加国际化的设计理念；国外学生从其地域文化角度阐述其毕业设计的可行性，以及国际前沿设计理论之外的市场、客观限制条件等外部因素对于设计的影响，对于全球共同面临的环境问题有更清晰的认识。这种跨文化交流对于学生的专业成长也是尤为重要的。

## 三、交流有效性与课题建议

"四校四导师"实验课题项目不仅给学生、导师以及企业之间搭建了一个可供交流的平台，还为了保障交流的有效性制定了一系列的实操措施。

哈贝马斯在其"交流（沟通）理性"理论中提出了确保交流有效性的三个前提：(1) 命题的真实性；(2) 规范的正确性；(3) 主观的真诚性。"四校四导师"毕业设计实验课题在实施过程中为保证交流的有效性，也充分彰显了对以上三个前提条件的关注。

1. 命题的真实性——课题选题的真实性与时效性

"四校四导师"实验课题重视学生毕业设计选题的真实性与时效性，不仅关注于设计成果的连续性呈现——设计概念、设计分析、施工图纸等的完整性，更关注于学生在毕业设计的研究过程当中是否具有清晰的问题意识，即强调"真题真做"和设计研究应具有清晰的问题指向。真实的设计诞生于问题之中，有了客观问题的限制才会有真正的设计价值，否则，设计成果则有可能成为"无病呻吟"的纯粹形式游戏和概念的玩味。同时，学生在分析问题并利用空间建构语言解决问题的过程当中才能够将理论构想赋予实际意义，完成从抽象设计概念向具体"建构体"的转换。此外，"四校四导师"实验课题的选题方向关注时下较为热点的话题。比如，今年的选题"美丽乡村建设"就是基于对建设"美丽中国"国家战略的解读而得来。选题的真实性与时效性能够保证交流的可理解性以及现实意义。同时，建议还是所有学生选题一致，统一设计同一块场地，便于师生共同探讨一个话题，使得研究更集中和深入，以提高效率。

2. 规范的正确性——毕业设计研究过程的规范性

四校联合实验课题制定了极为规范的毕业设计实施过程。比如在对所选课题进行研究之前，一定要制定出严格规范的设计任务书，以保证研究目的的明确性。任务书需要包含以下几个内容：(1) 选题的题目名称；(2) 选题背景；(3) 概念设计要求（包括基地位置、设计概念、设计范围、设计成果等）；(4) 课题指导原则。另外，为了保证选题的完成度以及项目的落地，需要在中期成果递交的过程中，展示项目的平立面图。以此来保证学生提交的设计成果达到与校内外导师交流沟通的行业规范标准，以期得到更实际的具体指导意见。建议强化课题项目对于设计结构选型和消防疏散以及材料等的相关设计研究，在设计任务书中明确约定相关内容条目。以期培养学生的建构意识和专业规范意识。

3. 主观的真诚性——实验课题的初衷与执行

四校联合实验课题开展的初衷，按照中央美术学院建筑学院王铁教授的话来说，就是为在现有设计教育的体制下寻求让学生受益更多的办法——一切为了学生。因而课题组集中了高等院校建筑、园林和规划设计专业与环境设计等学科带头人、知名设计企业高管、名师、名人、国内外优秀专家学者等，来共同探讨开放模式下的实验教学理念。所有导师都是利用周末休息时间无报酬义务参加，渴望能建立校企合作共赢平台，同时也为知名设计企业和单位培养高质量合格设计人才。而各院校参与实验课题的学生也是一群有着设计梦想的年轻才俊，他们也渴望从交流中获得专业的大力提升，因而在实验课题的实施过程中也都尽自己最大的努力做好毕业设计。不管导师还是学生都是怀揣着真诚来参与课题，因而也为课题交流的有效性提供了可靠的保障。建议在每个阶段的答辩后召开研讨会，对课题进行阶段性的总结，以便于及时反馈问题和校正目标。

四、结语

　　设计即交流。通过交流，我们可以去探索设计学科的边界；通过交流，学生们可以获得更广阔的视域，为自身专业的发展打下坚实的基础；通过交流，校际导师、校内与企业的导师建立起了良好的沟通渠道，为提升设计学科的研究与实践创设了良好的氛围。这皆得益于"四校四导师"联合毕业设计实验课题的策划与实施。希望有更多院校、更多企业的导师与专家参与课题进行交流，为了学生，也为了美丽中国的明天！

# 设计教育·文化自觉·慎思笃行
## 2016创基金·四校四导师·实验教学思考
The Design Education Cultural Consciousness to the Deliberating Relentlessly Resourceful
Reflections on Teaching of the 2016 Chuang Foundation · 4&4 Workshop · the Experimental Teaching Project

西安美术学院　周维娜教授
Xi'an Academy of Fine Arts, Prof. Zhou Weina

摘要：设计教育是一个国家的基础，如同地球的生态，讲求生态平衡。理想的状态，应如海洋世界中各生态物种一样，生存在各自的平行世界中，彼此相离又相依，共享学术海洋中的教育资源。短期的交融互通是为了彼此拉开学术研究与教育发展方向上的距离，明确设计教育自身固有土壤与资源的优势。我们不求"多级分化"，但一定清楚地知道设计教育分类、分项的目标是培养能在社会中具备独立思想精神与专业技术能力的岗位人才。

关键词：设计教育，联合教学，文化自觉，和而不同

Abstract: Design education is the foundation of a country circle, as the earth's ecosystem, and the ecological balance. Ideal state, will be like in the ocean world ecological species, living in their own parallel universe, parallel to each other and together share the academic education of ocean resources. Short-term blend each other academic research and education development direction is to open to each other in the distance, a clear design education inherent soil and the advantage of resources. We not "multi-stage differentiation", but must clearly know design education classification, component aims to train in the society have the spirit of independent thinking and ability of professional and technical positions and talents.

Key words: Design education, The Joint teaching, Culturally conscious, Striving for harmony but not sameness

设计学科办成什么样子，是一个时代，一个民族主动选择的结果。有外部条件限制，但主观的努力与突围同样重要。今天的设计人才将来会对社会起到什么样的作用，我们作为教师仍然在不断地思考与探索，还有更多的方向与商量的余地。正因为没有完全的定式可循，存在着多种激变与交融的可能性，这才值得各个设计教育岗位上的诸位同仁去体贴、关心与介入。

## 一、联合教学的破壁与意义

环境艺术设计教育从20世纪50年代在我国开端，70年代学科正式开设，正逢国家的思想解放与转型期，国内十几所院校均开设了相关专业，开始踏出一条新兴且朝气蓬勃的设计教育道路。伴随国家经济与城市建设快速增长的特殊时代，环境艺术专业培养与输送了大量的学子在国土各地的相关专业部门服务。岗位需求作为市场调控的有效动力，使得近十年间各综合院校纷纷投入大量人力与物力资源开设环境艺术设计专业，并积极地投入到设计教学与学科建设的研究体系中。随着更多教育者的加入，行业专业化和专门化的分科与专项研究趋势越来越明显，学科的壮大与细化也越来越要求科学性与体系性。时代的发展与市场的快速进步为该专业的发展提供了丰足的动力，同时，带来了更多新的命题。专业教学在经过传统的沉淀与自媒体时代的冲击后，如何对接设计教育的当下与未来？如何求同存异，和而不同地走出适合自身教育特质的新道路，成为大时局、大教育环境体系中更健康、更有力的中流砥柱。

1. 环境设计教育中的"学问"与"精神"

环境设计教育需要"学问"，更需要"精神"。当我们谈论教授治学对于学科发展的重要性时，主要关注的是

"学问"。可设计教育除了理论研究与实践项目日积月累而成的"学问"外，还需要某种只可意会难以言传的"精神"。在某种意义上，这些没能体现在考核表上的"精神"，更决定一个设计教育团队的品格与实质。这里的"精神"不是成为校训的精神性文字，是一群人愿意为之不断努力，不断修正，一直在发展，没有定型的，并不断打破固有壁垒，以任何可能的形式寻求设计大教育"精神风貌"的品格。

"四校四导师"实验教学课题，发端于八载之前，是将环境设计教育中可用的"学问"资源用更横向的"精神"进行搅拌、发酵，并激化其效用，利用设计专业教育更广的维度关系，打破院校固有的教学模式，突破同类院校共处的毕业设计教学的"黑森林"法则，在信息时代的当下，用最质朴也是最奢侈的方式，搭建起今日拥有国内外十六所院校参与的，共同进步、共享成果、和而不同的联合教学平台。

2．环境设计教育中的"精神"与"功用"

谈到环境艺术设计教育的"精神"与"功用"，要从蔡元培先生提出的"兼容并包，思想自由"原则出发。设计教育也许更注重思想的自由生长，设计的原发动力来源于个体思维的有序发散与回馈。设计教育注重思维的引导与启发，认同在同一原则不变的基础上，找到属于个人的设计特质与表达的独有方式。那么"兼容并包"与"思想自由"并置时，我们又该如何取舍。前者是更为积极的自由，脱离前者而存在的后者则成了消极的自由。大学生是具有独立思考能力的未来设计从业者，"兼容并包"是一种教授治学的"精神"化引领，从更多义的层面提供给学生更为真实、更为本质的交流平台，便是将追求学科知识与精神生活的人聚集在一起，不只是师生之间共同如切如磋的"论道"，同学之间无时不在的精神交往，也是这个时代背景下，真正将高校资源统合，破壁交流、共同进步、抚育人才的设计教育目标所在。

"四校四导师"联合教学以一种清晰的教学态度，在不同地域，不同教育背景，不同专业趋向的十多所院校中，贯彻"兼容并包、思想自由"的教育原则。以一种最为质朴的方式，将所有的参与院校连接在一起。共同经历"选题"、"开题"、"中期"、"终期交流"以及最终的"答辩结题"的所有细节并共享其真实信息。在这个完全开放的信息平台中，大家审视自己、正面问题、思考新的突破方式，改进旧的教学观念。学理与学工补足艺术学科的严谨性，学美与学情，补足工科院校的艺术性。将实践教学课题突破到"学问"与"精神"的交流层面，而不是停留在简单的"应用研究"探索中。联合教学的过程是严谨又辛苦的，在延续了八年治学"精神"的倡导下，所有的教师与学生团队，在长达四个月的时间中，以一种超常的精力与体力展现出不同于传统院校教学的作品面貌与精神学养。正是"四校四导师"实验学堂将教育精神拉出标准院校体系激发其"功用"，尽化其效用，打破"近亲"血缘，十六所国内外高校共同"联手"走出的环境设计教育的破壁之路。

3．环境设计教育中的"视野"与"情怀"

我们的设计教育正处于一个信息迅速膨胀的时代。当信息唾手可得，同类型的资源任我们随意置换时，我们得到的方式较之前更为便捷了，可是这个时代带来的更大问题是信息的真实性与可参照性变得越发失真与失形。从传统媒体的迅速萎缩到自媒体时代的全面到来，反观传统设计教育机构的未来发展。当专业知识的获取不再依靠记忆力与传统纸媒，高校教授的"学问"可以被迅速传播，甚至不受控制的被变形扭曲时，传统的学堂模式面临转型与改变。设计学科注重个人思想自由的主旨在这个时代被无限的放大，大学科与新思想的碰撞不但为设计教育的方法带来了更多可能，同时也为"复制"与"雷同"带来了乘法效应。从某种意义上来看，丰富与开放的信息反而抑制了设计作品的个性化与独特化，加速了设计发展的趋同性，然而这种趋同化的发展是违背事物良性发展规律的。

环境设计学科如何长线发展与短期融合，教师是"一方教化之重镇"的建设者与守护者。我们那些学有所长的学士、硕士、博士，还是必须融入并影响当代国人的文化理想与精神生活。设计教学单位的社会职责不应局限于三尺讲台，应发挥其对社会的反哺作用，更应该关注对未来设计行业风气的养成，设计从业者设计伦理的教诲，精神文化的创造等。国内高校的相关设计学科也有与"四校四导师"实验教学课题相近的教学活动，比如建筑学专业的"8+"联合教学；室内设计专业的"中国建筑学会室内设计分会（CIID）室内设计6+1校企联合毕业设计"；建筑学、城乡规划学、风景园林学专业方向的"四校三专业联合毕业设计"……各院校不同专业的一线执教者与设计领域的名家联手担当"设计实践导师"的形式，正是在这个大时代、大环境背景下，主动选择的一种大教育资源共享的学养"情怀"。这种形式的出现提供了一种与时代步调相异的教育发展模式，也为环境设计学科教育的发展提供了另一种程序与模式。

## 二、实践教学的乡土重建观

"……在当今的中国仍然存在很多可以被称为桃花源的乡村。它们是数千年农业文明的产物,是农耕先辈们与各种自然灾害斗争,经过无数的适应、尝试、失败和胜利的经验产物。应对诸如洪水、干旱、地震、滑坡、泥石流等自然灾害,以及在择居、造田、耕作、灌溉、栽植等方面的经验,都教导了我们的祖先如何构建并维持桃花源。正是这门'生存的艺术',使得我们的景观不仅安全、丰产而且美丽。"俞孔坚先生曾在《生存的艺术》一书中这样描述中国的农村。中国文人的"桃花源"情结历经千年,在这个快速刷新旧观念的时代,不但没有褪色,反而历久弥新地散发出受到这个时代一致关注的神采与光芒。乡村发展的形式与方向成为国人关心的话题,作为引导其发展的文化策略研究正在进入社会各个领域与学术界的工作日程,并已上升为国家战略。

2016年度"四校四导师"联合教学课题组选择"美丽乡村"课题作为联合教学主题,将高校教学与课题研究置入同一平台,关注乡村发展,培养实践型设计人才,以实验探索的角度对乡村发展进行实际演练操作,体现了对当下社会人文发展、经济主体形式转型与高校设计人才教育输出观念的思考与举措。通过自觉地教学实践活动,为乡村发展的可能性进行了一场研究与实践相结合的教学演练。

"美丽乡村",即承载着传统,又面对着现在与未来。传统的形态及文化构成因素因特定地域差异性及历史沉淀的稳定性形成自身的特色。这种特色既反映了乡村文化在特定地域历史的形成和生态发展的规律性,同时也显示了人类文化在特定地域发挥现实作用的针对性。因此,传承传统的地域文化特色,根本地体现了一定文化形态与社会生活息息相关的利益关系,是文化价值的具体表现形式。而面对未来,关注新形势下乡村文化的延续与发展,由于交通的便捷,受现代技术理性支配的建造活动,加速了城与城、村与村之间的标准化发展,无视于传统及地域文化多样性。另外,政策性、制度性加剧了村镇面貌的整齐划一及标准化,对乡村文化的整体性、系统性即将构成一种破坏,严重地影响了乡村文化生存及延续的状态。

## 三、乡土重建中的无痕设计观

"乡土重建"是费孝通先生于1948年出版的《乡土重建》一书中提出的概念。早在中国还没有迎来国家的早期建设时,费先生已经从一位教育者的角度观察到,文化基础与经济形式的改变会为我们带来更多上层建筑意识与国土风貌的巨大变化。乡村文化的基础在我国经济快速发展的近七十年时间中,已经很难找寻以血脉、姻亲为主体的宗族文化的基础。这种无形的基础是农业社会经历数千年与土地惺惺相惜发展出来的关系着村落生存问题的民间文化。目前,我国正全力对接世界经济发展的高速列车,从农业社会进入工业社会后,经济中心迅速由乡村转入更多高知人士聚集的城市。人口以"农村包围城市"气势,从四面八方聚集而来,城市开始迅速膨胀,城市发展向摊大饼似的向四周扩张,乡村固有的田园式的山地肌理被快速抹平。当世界变得越来越小,技术与信息的发展使山川沟壑更容易跨越,距离不再成为阻隔时,中国人的"桃花源"情结醒来了。"回到乡土中,回到山水之间"成为社会主体文化阶层的精神向往,乡土重建观更成为社会各界的通识与追求。

乡土建设需要用可持续发展的战略智慧去引领,需要敬畏自然、敬畏当下的研究态度去辅助,作为设计教育工作者,我们的学子未来会在乡土建设的历史中,秉持什么样的发展观,提出什么样的设计观,都是我们应该关心、思考与介入的。此次以"美丽乡村"实践教学课题为机遇,在毕业设计的教学中,我们团队以"无痕设计"理念进行课题的梳理与观念的导入,将多年的课题研究成果与乡土重建并置磨合,为学生们构筑出一个哲理观念与物化手段完整的乡村规划愿景体系。

"无痕设计"理念是强调在满足人类健康生活方式基础上,倡导遵循客观规律和生态循环、探索生命持续发展与共生的一种生态设计理念。其在哲学上暗合中华文化崇尚自然,"无为而无不为"的哲学思想。它是站在可持续发展的历史长河中,以不破坏未来子孙的生存环境为主体的设计介入方式,"无痕设计"从根本上树立起持续发展的意识,从源头上力求解放被人类几乎无限度滥用的地球资源。"无痕设计"首次在环境设计领域提出社会行为偏执问题的分析研究,从设计产生的原因及源头来深度分析群体生存背景的社会问题,而非简单的审美提升问题,同时,还提出群体心理偏执和设计产生浪费的潜在因素,这些具有系统性研究及设计改变需求的深度问题,"无痕设计"理念的提出,将从系统的研究中全面解决这些问题,这一理念将会使"设计"本体发生质的改变,而不再是用设计来主观、惯性地完成"设计"这一工具的流程进展,转而从"设计"内核寻求解决问题的方式方法。基于乡土重建观与无痕设计体系的并置构建,解读课题选址村落的自然山水状态与人文基础现状,我们提出了"释景无痕"与"生长与长生"两个研究方向。"释景无痕"课题将"意"作为课题研究的核心,将意识与行为作为研究的重点，结合社会学、心理学、空间设计学于一体的综合研究设计。通过"减法设计"来达到共生方式的提取，去除违背自然与乡村文化成长的设计手段，保留"无痕迹"设计的主体观念。"生长与长生"课题的设计思想，是从时间和空间的维度上来界定其发展模式的。"生长"从生物学和发展学的角度来考虑，技术结果能够根植于地域的土壤，遵循自然法则；"长生"从经济学和生态学的角度来考虑，使村落的发展能够遵循可持续性发展战略，最终达到经济、生态长生的目的。

### 四、慎思之，明辨之，笃行之

设计教育是一个国家的基础圈层，如同地球的生态圈，也讲生态平衡。理想的状态，应如海洋世界中各生态物种一样，生存在各自的平行世界中，彼此相离又相依，共享学术海洋中的教育资源。短期的交融互通是为了彼此拉开学术研究与教育发展方向上的距离，明确设计教育自身固有土壤与资源的优势。我们不求"多级分化"，但一定清楚地知道设计教育分类、分项的目标是培养能在社会中具备独立思想精神与专业技术能力的岗位人才。在这个设计教育的大圈层中，"通识"的意识作为学科建设的基础，是所有教育同仁们共同搭建与维护的，需要上至教育政策的关怀与下至教育基层工作者们含辛茹苦地弥合。"破壁"的机会作为思考与行进过程中的灯塔，为我们提供长行中难得的聚集与沉淀。联手共教与资源共享的目的是建立设计教育文化自觉的一体化格局，共同把脉我们的设计教育生态圈；彼此学习、自我审视是为了在文化自觉的一体化格局中，找到多元发展的支撑与自觉。这样的文化自觉意识建立是我们设计教育生态圈的核心发展力，是长期"和而不同、周而不比"共进与共赢的有效保证。设计教育不是生产线，不可能标准化，必须服一方水土，才能有较大的发展空间。任何一所历史悠久的常青藤大学，之所以迷人，并不是因为它"办"在某一历史文化丰富的地域，而是因其"长"在当地，伴随时代同起同伏，浸染出无数历史的细节与风土的情怀。

# 加大建筑设计基础课程的配比
## "四校四导师"八年来实践教学体会
## Increase the Ratio of Architectural Design Curriculum
## A Feeling of Tutor Four×four Workshop for Eight Years

内蒙古科技大学艺术与设计学院 韩军副教授
Inner Mongolia University of Science and Technology, Prof. Han Jun

摘要：我国有超过600所高等院校中设立了室内设计专业，可以说各类属性院校中都有室内设计专业的设置，室内设计教育经历了相对复杂和混乱的过程。不同背景院校（工科、文科和纯艺术类）体系下，教学内容设置与偏重存在着不同、学制长短存在着不同，还有学生入校前的基础也存在着不同，那么各院校间培养学生所掌握的知识与技能自然会体现出各类的差异性。"四校四导师"实践教学活动已经历了八届，从最初的四所院校，演变为现在的（4×4）16所中外知名院校；所做的题目也是越来越转变为对应社会热点需求、逐年升级；今年的课题是针对"美丽乡村"建设的真题真做，过程与结果发现，其中建筑设计薄弱的院校，问题出现得比往年更加突显了，对空间的认识与把控、空间形态及制图表现能力明显不足；客观地讲现实项目中，要求室内设计向广度和纵深方向发展非常普遍。目前我国设计教育大力倡导理论与实践并行的教学方式，新形势下要求教学内容紧扣社会需求，同时教学老师要充分了解行业信息与专业知识，包括应该具有一定的实践操作能力，因此，室内设计教育中加大建筑设计课程的配比和提升教师专业素质的培养，势在必行。

关键词：室内设计，建筑设计，差异性，提升，势在必行

Abstract: There are more than 600 colleges and universities in China set up the interior design profession. It can be said that all kinds of property institutions have interior design professional settings, interior design education has experienced a relatively complex and confusing process. Under the system of colleges and universities from different backgrounds in science and engineering, liberal arts and pure art class, teaching content settings and emphasis are different, the length of schooling are different, and students' foundation are different, then the institutions training students to master the knowledge and skills will naturally reflect differences of all. Four and four workshop has experienced eight years, from the initial four universities, developed into now (4×4) 16 Chinese and foreign well-known colleges and universities, the topic is more and more change for the corresponding social hot demand, every year to upgrade, this year's topic is 'the beautiful countryside construction', through the process and results, which architectural design weak institutions. the problem is more serious than previous years, the ability of space understanding , space form and drawing performance are obviously inadequate; objectively speaking, in real projects, interior design's development to the breadth and depth direction is very common. At the present stage of design education in China, advocate the teaching mode of theory and practice in parallel, teaching content closely linked to the social demand under the new situation, also teachers need to fully understand the industry information and professional knowledge, including should have practical ability. Therefore, it is imperative that in interior design education increase ratio of architectural design course and enhance the cultivation of teachers' professional quality.

Keywords: Interior Design, Architectural Design, Difference, Promote, Imperative

## 一、室内设计教育的差异性

室内设计在我国真正成为专门领域并作为一门学科出现的时间并不很长，从20世纪末至今，发展成为一个较

为热门的专业。我国有超过600所高等院校中设立了室内设计专业，可以说各类属性院校都有室内设计专业的设置：有的室内设计专业是从建筑学中派生出来的，从属于建筑院校中的一个培养方向；也有院校以艺术类专业为背景，将室内设计专业设在环境设计系或艺术设计系之中，形成了我国特有的室内设计的新方向。室内设计教育经历了相对复杂和混乱的过程，近两年随着设计学新的确定，室内设计成为环境设计专业中的一个方向。不同背景院校（工科、文科和纯艺术类）体系下，教学内容设置与偏重存在着不同，学制长短存在着不同，还有学生入校前的基础也存在着不同，那么各校期间培养学生所掌握的知识与技能自然会体现出差异性；建筑学分支下的室内设计专业的学生，基本上是传承我国的传统建筑学教育模式，在教学内容、教学方法等方面具有明显的"建筑"特点，培养的学生在工程技术方面具有优势，整体教学环境的熏陶以及低年级课程设置上注重对建筑设计基本功的培养，对建筑空间的理解和建筑结构知识的应用能力较强；而艺术类专业的室内设计学生，在教学内容、教学方法等方面具有明显的"艺术"特点，培养的学生在创意表现、艺术设计方面具有优势，他们设计的出发点多是从美术的角度和方法入手，在设计的想象力和表现力上具有较强的竞争力，对作为室内设计主体的建筑内容缺乏深入的研讨。这些差异性面让学生未来进入社会面对实际项目问题时，会有怎样的问题出现呢？

## 二、差异性的分析与比较

"四校四导师"实践教学活动已经历了八届，从最初的四所院校，演变为现在的（4×4）16所中外知名院校；所做的题目也是越来越转变为对应社会热点需求、逐年升级；今年的课题是针对"美丽乡村"建设的真题真做，过程与结果发现，其中建筑设计环节薄弱的院校，问题出现得比往年更加突显了，对空间的认识与把控、空间形态及制图表现能力明显不足；客观地讲现实项目中，要求室内设计向广度和纵深方向发展非常普遍。

通过参加"四校四导师"实践教学活动，明显地发现差异性的存在，尤其是让建筑设计环节薄弱院校的师生感到尴尬与困惑：从大的方面讲，首先是对场地环境的规划分析、地势分析，其次是建筑内外空间关系分析，再有建筑的空间形态与构成、CAD制图与表现等等；从小的方面讲，由于缺少整体连贯性的认识，对室内空间结构的理解也存在着诸多问题；在汇报中常常看到有些同学对空间环境没有统一合理的认识，内外环境缺乏协调性，有的空间比例严重失调、建筑形态更是无源无溯、无概念，有的CAD平面图中的柱网混乱标注、甚至没有——这些问题的暴露，反映出目前教学中存在着不能很好应对现实社会需求的缺陷，这些问题的存在，究其原因，除了建筑设计课程缺少之外，授课教师的专业综合素质薄弱也是另外一方面，他们基本是艺术设计专业出身，如果再没有社会实践经验的支撑，在平日的教学与辅导中，面对建筑设计难免感到无奈与茫然，这样也直接影响到学生的学习质量，所以提升教师的专业综合素质同样非常重要。

下面列举三个院校的建筑设计课程在室内设计教学计划表上的配比情况（表1）：

（1）哈尔滨工业大学建筑学院环境艺术专业建筑设计课程在教学计划表上的配比情况

第一学年的第一学期，建筑设计基础128课时，建筑概论18课时，画法几何与阴影透视64课时；第二学年的第二学期编排公共建筑设计原理24课时，建筑与装饰构造32课时；第三学年的第一学期编排建筑环境更新设计56课时，中外建筑历史72课时，第二学期编排环境综合设计（一）56课时；第四学年的第一学期编排环境综合设计（二）56课时；另外还有施工图设计（选修）32课时；环境设计作品解析（选修）32课时。以上为基础专业和专业理论课程，不含专业方向课程，共计506课时+64课时（选修）。

（2）天津美院环境设计学院建筑设计课程在教学计划表上的配比情况

建筑与装饰史A(外国建筑与装饰简史)32课时；建筑与装饰史B(中国建筑与装饰简史)32课时；建筑设计A(建筑设计初步)48课时；建筑设计B(建筑构造设计)48课时；建筑设计C(公共建筑设计)80课时；材料与构造32课时；画法几何与建筑制图80课时。以上为基础专业和专业理论课程，不含专业方向课程，共计352课时。

（3）内蒙古科技大学艺术与设计学院建筑设计课程在教学计划表上的配比情况

建筑制图48课时；建筑设计初步56课时；装饰材料与构造64课时；中外建筑史32课时；以上为基础专业和专业理论课程，不含专业方向课程，共计200课时。

通过上述比较不难看出，建筑设计课程在室内设计专业教学计划上的差距，内蒙古科技大学的课时量少了一倍甚至更多，这是"量"的比较；再从课题的完成情况来看，也就是说"质"怎么样呢？事实上在"质"上同样也是差距甚大，以至于面对第八届"四校四导师"的题目没有信心，未参加本次活动，因为作为责任导师的我非常清楚自己学生的能力和水平，对建筑设计的了解与掌握程度近乎为零，对于单体小型建筑的完整实现已是难度

三校建筑设计课程配比情况表　　表1

| 天津美术学院 | | 哈尔滨工业大学 | | 内蒙古科技大学 | |
|---|---|---|---|---|---|
| 课程名称 | 课时 | 课程名称 | 课时 | 课程名称 | 课时 |
| 建筑与装饰史A（外国建筑与装饰简史） | 32 | 建筑设计基础 | 128 | 建筑制图 | 48 |
| 建筑与装饰史B（中国建筑与装饰简史） | 32 | 建筑概论 | 18 | 建筑设计初步 | 56 |
| 材料与构造 | 32 | 公共建筑设计原理 | 24 | 装饰材料与构造 | 64 |
| 建筑设计A（建筑设计初步） | 48 | 建筑与装饰构造 | 32 | 中外建筑史 | 32 |
| 建筑设计B（建筑构造设计） | 48 | 建筑环境更新设计 | 56 | | |
| 建筑设计C（公共建筑设计） | 80 | 中外建筑历史 | 72 | | |
| 画法几何与建筑制图 | 80 | 画法几何与阴影透视 | 64 | | |
| | | 环境综合设计（一） | 56 | | |
| | | 环境综合设计（二） | 56 | | |
| 总计 | 352 | 总计 | 506 | 总计 | 200 |

重重，更何况对一个村落的更新与改造，不谈规划合理与否、空间关系对位与否，单说建筑形态和构造意识的思路与构想也是毫无概念可言，这不是能通过众多名优导师短暂地引导与启发就能提升改变的，所以历届的毕业设计没有敢触及建筑与室内外空间关系的题目……那么我们现在抛开建筑不谈，只说室内，那是不是就能把室内设计做得很好呢？

从室内专业的性质来看，建筑设计的结束才是室内设计的开始，是建筑当中的一部分，室内设计应从属于建筑设计，是建筑设计的延续、深化，是对建筑内部环境的再创造。因此，建筑学与室内设计的关系不言而喻，建筑是室内空间的依托，是室内设计的载体和条件，室内设计要以原始建筑作为设计的基础，并以此为出发点，构思设计方案。二者事实上是互为表里的关系，实际操作中需要协调和相互渗透，室内设计的对象是人类居住、工作、休闲的室内空间，人大部分的时间都生活在这样的室内空间中，要充分考虑到人居条件及其对室内环境的种种需求，为使用者创造合理、舒适、优美的环境。做好室内设计，应当充分尊重和理解建筑设计的意图和内涵，在进行室内设计时，努力做到在原建筑设计的基础上，完善和丰富建筑设计的理念与空间感受，并加以深化与提升。由此观之，建筑学与室内设计本是一脉，存在着相互依托、相互作用的联系。实际上除了一些特殊使用性质的室内空间需要重新独立设计外，建筑与室内就是一体化设计。因此，不懂建筑或不考虑建筑空间、风格形态、结构特点及取材用料等重要元素，一味地独立进行室内设计，很容易成为无源之水、无本之木的结果，可想而知这又怎么能把室内设计做好呢？

## 三、正确认识培养计划

当然，这里谈论建筑设计课程在室内设计专业教学计划上的比差，不是说建筑设计课程的配比越多，教学计划编排的就越合理，室内设计专业的培养就越优秀；同时不是表明另外两所院校就没有问题，也不是说内蒙古科技大学就是最差的，这里只是想通过列举的方式对差异性进行分析，来发现问题、强调建筑设计课程的重要性，进而达到解决问题、实现提升、适应社会的需求才是最终目的。

我们前面提到艺术类背景院校培养计划配比的偏差问题的普遍性，但像中央美术学院的室内设计方向则是建立在建筑学院大体系之内的，而且学制是五年，它的室内设计课程计划编排得较全面合理，尤其在建筑设计专业方面的课程编排上体现出它的重要性，同时注重动手能力的培养，不同阶段的专业课都伴随着模型制作的配合，培养学生对不同空间结构和空间尺度的感受，这些工科专业的系统培养，锻炼了学生学习制图的严谨性，当然我们也不能排除师生本身的素质条件和教学环境条件的优势面，所以，在历届"四校四导师"实践课题活动中，都能看到他们精彩的表现，它不单单是最后方案图呈现的一个亮相，而是从一开始的背景资料收集、对设计任务书的解读、概念的提取与分析运用、草图构思与模型搭建、动线布置与功能分区、CAD制图与效果图呈现包括最后的动画展示，整个全过程的PPT设计在图形组织与编排、色彩与运用、文字选型与粗细比例、自然翻页与动画插入等等，都给参加活动院校的师生留下极深刻的印象，当然取得优异的成绩也是情理之中的事情，这些优秀的表现离不开学生平日里的刻苦努力、离不开责任导师王铁教授的苦心辅导与培养，也离不开学校合理全面的教学计划的编排，包括里面专门设有PPT设计制作课——这也许是对室内设计教育课程编排的有益借鉴。

　　在我国，一段时期以来，由于投资商与设计单位、施工单位等各个方面缺乏协调与沟通，曾导致相当程度上室内设计与建筑设计相脱节，不利于室内设计的可持续发展。试想一下，室内设计教育培养的学生走出校门后只做室内设计吗？外延空间就没能力设计吗？现实中的项目都是单纯空间设计吗？所幸近几年来，设计界开始重视建筑与室内设计的有机联系，并朝着健康积极、一体化设计的方向发展。故此，环境设计的教育需要根据其知识结构的特点和就业趋势做出相应的调整。无论哪种模式下的室内设计专业，建筑设计这个基本功的培养都是十分必要的，它是学习空间设计方法、掌握功能设计原理与思路的一门重要的专业基础课。随着室内设计在广度和深度方向的不断发展，当下我国的室内设计界开始了深刻的反思，认识到作为一门与建筑学紧密相关并与美术学渊源深远的学科所应具有的内涵与特征。

　　室内设计是一个涉及广泛领域的专业，是一门综合性较强的新兴学科，既具有理论性，又具有实践性，交叉了行为学、心理学、美学、力学、光学、声学等学科内容，同时还联系了室内空间的特殊方面，如照明、材料、装饰、陈设等；既具有艺术性，又具有技术性，涉及艺术与技术、美术学与建筑学知识的相互结合，既包括美术学的视觉心理、艺术理论等，还与建筑问题，如空间、行为、建造、材料、人体工程学、环境控制等相关，它所体现出的审美价值是科学与艺术的、审美与实用的完美结合。室内设计反映了人的精神文明和物质需求，直接体现了人类文明的进步，承载着人们对物质生产和精神生活的寄托，它和社会的发展结合得尤为紧密。

　　现阶段我国设计教育大力倡导理论与实践并行的教学方式，新形势下要求教学内容紧扣社会需求，同时教学老师要充分了解行业信息与专业知识，包括应该具有一定的实践操作能力，它要求设计教育在强调主体专业的前提下，还得注重综合能力的培养。因此，室内设计教育中加大建筑设计课程的配比和提升教师专业素质的培养，势在必行。

# 构想·实践·教学

## 2016 创基金（四校四导师）4×4 建筑与人居环境"美丽乡村设计"课题本科及研究生实验与实践教学
### 2016 Chuang Foundation · 4&4 Workshop · Experiment Project

## 青岛理工大学研讨会
### Symposia in Qingdao Technological University

时　　间：2015年12月19日至20日
地　　点：青岛理工大学图书馆科技楼1908会议室
主　　题：2016创基金"四校四导师"中外建筑与人居环境设计本科及研究生实验与实践教学研讨会
主办单位：（四校四导师）4×4建筑与人居环境设计教学课题组
承办单位：青岛理工大学艺术学院
与会人员：

青岛理工大学校领导：
　　青岛理工大学党委书记　薛允洲教授
　　青岛理工大学党委常委、副校长　张健教授
　　青岛理工大学党委常委、副校长　张伟星教授
　　青岛理工大学教务处处长　王在泉教授
　　青岛理工大学研究生处处长　刘继明教授
　　青岛理工大学科技处处长　王旭春教授

责任导师：
　　中央美术学院建筑设计研究院院长、博士生导师、中国建筑装饰协会设计委主任　王铁教授
　　清华大学美术学院环境设计系主任、中国建筑装饰协会设计委副主任　张月教授
　　天津美术学院环境与建筑学院院长、中国建筑与装饰协会副主任　彭军教授
　　青岛理工大学教务处处长、博士生导师　王在泉教授
　　青岛理工大学研究生处处长、博士生导师　刘继明教授
　　山东师范大学环境艺术系主任　段邦毅教授
　　山东建筑大学设计学院院长　陈华新教授
　　四川美术学院设计学院环境艺术系副主任　赵宇教授
　　匈牙利（国立）佩奇大学　金鑫助理教授
　　中南大学建筑与艺术学院副院长　朱力教授
　　内蒙古科技大学设计学院环艺系　韩军副教授
　　吉林艺术学院环艺系副主任　于冬波副教授
　　苏州大学建筑学院　钱晓宏教授
　　广西艺术学院建筑艺术学院园林景观系主任　陈建国副教授
　　湖南省建筑设计院景观与城市设计研究院院长　王小保教授

实践导师：
　　湖南省建筑师秘书协会秘书长、高级工程师　殷昆仑教授
　　黑龙江省建筑技术学院陈设艺术系主任　曹莉梅副教授
　　青岛德才建筑设计院　裴文杰院长
　　苏州金螳螂设计总院　石赟院长
　　山大委员建筑科技设计院　谢汶秀院长
　　山东师范大学环境艺术系副主任　李荣智老师

青岛理工大学教师：
　　青岛理工大学党总支书记　宋玲教授
　　青岛理工大学环艺系主任　李泉涛教授

青岛理工大学副主任　　王福云教授
　　青岛理工大学景观建筑系主任　　李晓红教授
　　青岛理工大学副主任　　郎小霞博士
　　青岛理工大学工业设计系主任　　侯伟教授
　　青岛理工大学工业设计系副主任　　朱宏轩教授
　　艺术学院艺术与设计理论部　　孙匡正主任
　　青岛理工大学艺术学院美术系主任　　李鑫教授
　　青岛理工大学艺术学院建筑艺术研究所　　庞峰所长
　　青岛理工大学设计艺术系　　郑子青主任
　　青岛理工大学艺术学院艺术与设计研究所　　贺德坤所长
　　青岛理工大学艺术学院影像所　　Paolo所长
　　青岛理工大学　　李洁玫博士

主持人：　青岛理工大学　　谭大珂教授

会议内容纪要
第一议程

　　谭大珂教授：尊敬的张健校长、张伟星校长，尊敬的王在泉处长，亲爱的同事及同学们，上午好！2016创基金（四校四导师）4×4建筑与人居环境"美丽乡村设计"课题本科及研究生实验与实践教学研讨会能够在青岛理工大学召开，我感到非常的荣幸，在此，请允许我代表青岛理工大学全体教职工对各位专家教授莅临我校表示由衷的欢迎！

　　创基金（四校四导师）4×4建筑与人居环境"美丽乡村设计"课题本科及研究生实验与实践教学研讨会是一个非常重要的活动，它的成功召开对于接下来"四校四导师"4×4建筑与人居环境"美丽乡村设计"课题的顺利开展起着至关重要的作用。在会议顺利召开的同时，也希望全国各地远道而来的杰出的专家与青岛理工大学艺术学院和设计学院相关的各个专业的同事们一起度过一个非常美好温馨的过程。

　　在创基金（四校四导师）的成员中有学术的先锋人才，有教学改革的主力军，有企业、协会团体的攻坚力量，多层次、多文化背景的相关人才聚集到建筑与人居环境"美丽乡村设计"课题上，我和在座的所有人本着"教育

师生于青岛理工大学804会议室合影留念

为本，兴邦建国"的历史责任。这次课题的展开是对学院内部教学方式的有意探索，是促进校企合作，学研一体教学理念不断丰富的有意探索，同时又是项目成果转化的有意尝试。

那么我们在第一阶段过程里面，让我们有请青岛理工大学党委常委、副校长张健教授讲话。

张健教授：2016创基金（四校四导师）4×4建筑与人居环境"美丽乡村设计"课题，聚集了多所院校的师资力量，不仅有学校的，还有社会上各方各面的、设计院的、研究所等多层次、多方位的企事业机构下的学术与实践的探讨会完善学校教学上人才培养内容。从我校学生角度，从青年教师的角度来说，这对我们是一次难得的机会。《礼记·学记》中讲："是故学然后知不足，教然后知困。知不足然后能自反也，知困然后能自强也。"教师和学生共同学习探讨，拓展思路，集思广益，形成了以项目为载体的团队教学，教师扮演了工作过程（PDCA）循环中的重要角色，同时教师又从当代学生角度思考问题，创新思维点亮了教师已有固化的认识；教师与教师之间，形成老带新的学习模式，老教授将好的经验传授给青年教师，老教授的理性风范和师德影响到青年教师的成长，这个项目的过程学习比成果讨论更加有实际意义，达到了润物细无声，潜移默化的效果，相信在各高校老师和学生的团结协作下，共同进步，创造出丰硕的成果。

谭大珂教授：感谢张健教授的精彩发言，接下来让我们有请四校四导师责任老师代表王铁院长发言。

王铁教授：各位领导，各位专家，各位同行，这个课题从申请到现在我们走过了六年，六年是什么概念呢？一个孩子长到六岁的时候，基本上幼儿园已经毕业了，学龄前教育我们圆满地结束了。第七届2015年时，迎来了深圳创想基金会成立，得到了基金会的肯定，才使我们这个课题做得非常顺当。那我们此时正式地踏进了国家正式教育了，同时和匈牙利的佩奇大学联合，2015年我们成功录取了11名硕士，4名博士。我们在创始的初期就是以高校学科带头人和治学这个理念这个角度出发的，弥补高等院校的教学大纲内容，得到了各个院校领导们的重视。七年来，先后有11本书出版，这些书记录了课题发展进程，教师在针对课题开展中的教学研究成果，还有学生的优秀实践探索成果。从2008年到2015年，我们累计各个院校加起来七年总共投入教授19名，副教授28名，讲师12名，累计培养学生426人。通过多年的经验积累，课题的展开形成了教授治学，企事业、协会团体互帮互助的团队合作机制，为学校教学改革又增添了当代社会形式下的多元教学模式。社会各界的大力支持和教授们的责任

中央美术学院王铁教授与青岛理工大学张健校长在会议现场

态度是我们的加油站，同时相信我们会做得更好，培养更多的人才。希望能够培养更多的硕士、博士，真的是走出去迎进来。

谭大珂教授：谢谢王铁老师！下面让我们有请青岛理工大学教务处处长王在泉教授发言。

王在泉教授：从课题的立项之初到现在的发展，我们之所以看到了课题的影响力及其丰硕的成果，都是基于对课题本身的学术研究，教师研究怎么整合社会、网络上的资源进行教学改革的深化；学生研究课题意义的本身，这些活动成果很好地印证了只有脚踏实地地去做研究才能有长久的、可持续性的研究意义，才能进一步得到企业、协会、团体的大力支持。

从我们学院建设上看，通过多年的努力，环境艺术专业打造了学校品牌形象，已经成为其他专业有机组成的联合体，老师和学生在"教与学"的过程中更加充满自信。全国各地国内国外的专家到学校来，对我们的本科教学进行指导工作，使得学科建设发展很快，改革力度及其实效性大大提高，希望在与各高校联合学习框架下能够增进实验条件、网络资源等方面的合作。

谭大珂教授：谢谢王在泉处长，下面让我们有请青岛理工大学研究生处处长、博士生导师刘继明教授发言。

刘继明教授：尊敬的王铁教授、张月教授、彭军教授以及各位学校企业的专家教授们，"四校四导师"这样一种创新性的实验教学活动，经过六年的实践，取得的成效大家有目共睹，这与各位专家教授们的心血与付出是分不开的。本人在学校里主管研究生教育，我们非常迫切地希望各位教授专家能够在这个课题里面更多地融入研究生教育这样一个元素，更多地带动研究生教育的发展。现阶段教育里面，大量的研究生不仅仅是师傅带徒弟就能保证其整体的教学质量，而"四校四导师"这样一个课题平台，一个学生可能会得到"四个导师"四个学校，甚至是十六个导师十六个学校的这样一个庞大的教育资源，这对于学生的成长与进步是大有裨益的。因此我相信这样的课题组会越来越好，成果会越来越多，我也相信将我们学校的研究生教育作为一块试验田，可以给"四校四导师"课题组的各位教授和专家有一个非常好的学生资源，也希望各位专家将创新的实验教学方法在我们学校这块研究生教育的试验田里开花结果，谢谢大家！

谭大珂教授：谢谢刘处长，下面让我们有请清华大学美术学院环境系主任张月教授讲话。

张月教授：创基金（四校四导师）4×4建筑与人居环境"美丽乡村设计"课题，增进了大家的交流，在交流的过程中寻找差距，寻找发展契机，教授治学不仅是整合资源，同时也是在提高教授治学的高效性，借着这样的学习机会，教授和学生都能踏实地沉下心来研究学术、研究问题的解决方式，长时间坐下来就实践问题还有教学问题做一些实质性的互动，包括教学理念、专业上的深入探讨。参加活动的各个学校都能有这种感触，不管是学生还是老师都实实在在有收获，同时也有成果。包括现在发展成一个跨界，可以说一开始就跨界、跨校，跟企业，然后跟行业协会联系在一起，然后又从国内跨到国外。七年其实是在不断地迈台阶，不断有新的理念，这个我觉得确实不容易。"四校四导师"虽然不是作为各个学校正式的官方的一种活动，但其实我们每个学校参与这个活动的都是在学术方面的一些专家型的学者，不一定是作为官方的。但是我觉得各个学校在这个活动中都给予我们非常大的支持，可能我们务实的推动学术交流，各个院校的领导们也看到了我们这个活动的价值。本着务实的态度，带着学院及各界的大力支持，我们可以更好地走下去。谢谢！

清华美术学院张月教授发表讲话

谭大珂教授：谢谢张月教授，现在让我们有请天津美术学院环境与艺术学院院长彭军教授讲话。

彭军教授：尊敬的各位青岛理工大学的领导以及各位同仁，"四校四导师"发展到今天变成16所中外高等院校联合开展的实验教学活动，我觉得这不只是院校数量上的提升。"四校四导师"的发起开始，王铁教授几年来始终不渝地付出、策划和引领才能够使教学活动顺利地持续、不间断地开展。"四校四导师"实验教学活动开始之初源于一个理念，那便是力图通过学科带头人的交流来打破现有的教学壁垒。但实际上目前中国高等院校教学壁垒依然存在，表现为院校之间各自独立的教学体系，而这种壁垒逐渐地演变为相对固化的一种情况，例如艺术设计教学，它是一个新的教学学科，急需学科之间相互的交融，单靠一个学科的理论知识越来越难适应现如今飞速发展的科学教育现状。而四校四导师采用责任导师+实践导师的教学模式，不仅能够加强各个院校之间的交流，还得到了社会教学资源例如金螳螂、德材这种社会知名设计公司的大力支持与帮助，从而使实践教学有了一个更新的亮点。几年来，实践教学到课堂教学再到学生就业，已经成了一个完整的体系，实现学生从学校到社会的一个完美的过渡。这一点是"四校四导师"对于高校的一个奉献。近几年，不断地有新的高校包括国际上知名的外国高校参与到实践教学中，更加深入地冲击了高校之间缺乏交流的现状。在此，感谢青岛理工大学的各位领导、各院校的领导们以及在座的各位专家教授们，离开你们的大力支持"四校四导师"实验教学活动很难走到今天。最后，为了今后学生的培养，为了今后教学成果更好的发掘，共同努力，谢谢大家！

天津美术学院彭军教授发表讲话

谭大珂教授：感谢彭军教授，现在让我们有请青岛理工大学党委常委、副校长、博士生导师张伟星教授对第一阶段的议程做总结讲话。

张伟星教授：首先，我谨代表学校欢迎各位专家莅临我校，参加中国建筑与人居环境设计本科和研究生实验实践教学的研讨会。

青岛理工大学是一个地方性的工科院校，本校的环境艺术专业成长的轨迹也是工科背景，是以建筑学为依托的环境艺术专业。由于专业背景和学校的环境所致，学生的逻辑思维能力得到了比较大的熏陶与感染。而环境设计专业是一个艺术与科学紧密结合的综合性较强的专业，没有科学只有艺术不行，相反空有热血没有艺术也是不行的，两者应当紧密结合起来。教学的重点是要培养学生有艺术形象的思维，以及科学的逻辑性思维。而"四校四导师"实验教学恰恰是一个很好的平台，为我们的学生提供了更多与众多兄弟院校交流的机会与契机，能够使学生们在交流中取长补短，不同的思维之间碰撞出更多创新性的火花。

另一方面，"四校四导师"实验教学启发式的实验教学模式是一种很大的创新，理论加实践作为其教学法则，不仅能够开阔学生的思路，拓展学生的视野，更重要的是能够使学生在实践中检验理论，理论指导实践。我校自身的教育体系、教学方法、教育理念以及教育模式等依然存在着一些劣势，从而导致学生过分地依赖老师、依赖书本，久而久之自身的创造性思维被磨灭了。我们的教学任务应当建立在学习动力之上，老师和学生应是一个教学共同体，在思想观念上我们应该慢慢地去纠正、落实。其次，我们在整个的教育教学过程中，应当注重教与学的互动，激发学生的信心。

再次，我们的学生普遍存在着学习动力不足的问题，而这一点从学生入学开始便已进入散漫的状态，而这种状态将会持续影响学生的整个学习生活。以上教学中出现的问题也请在场的各位专家群计群策，通过"请进来，走出去"，学习、吸收、提高教学质量，改革我们的教育教学，真正提高教学质量。

最后，再次感谢各位专家从百忙之中莅临我校，欢迎常到青岛理工大学做客，谢谢大家。

谭大珂教授：本次论坛中的第二议程将围绕建筑与人居环境"美丽乡村设计"这个课题展开深入讨论，在第二议程展开之前请各位领导专家移步科技楼门前广场，我们一起拍照留念，虽然天气很冷，但是温暖的阳光可能会给专家和教授们带来更多新的思维。


第二议程

谭大珂教授：各位专家，第二阶段主要由王铁教授主持，有请王铁教授讲话。

王铁教授：2015年"四校四导师"走过了六年的历程迎来了第七届，全体的课题导师坚持到底，为高等院校的设计教育贡献了自己的力量。在翔实的相关成果的基础之上，"四校四导师"实验教学课题得到了深圳创想基金会全体理事的高度评价和全面的认可，一致通过捐助全额资金。课题的导师分别是中国高等院校的建筑设计领域、环境设计专业的学科带头人、知名企业和高管名师名人、国内优秀专家学者，国外知名院校的教授，共同探讨无障碍下的实验教学理念，建立校企合作的共赢平台，为用人单位培养高端的高质量的合作人才。

总结教学的过程，课题决定继续努力，探索教授治学这一理念，培养青年教师为更多的院校和学生服务，将是我们今后4×4（四校四导师）的内核。我们使用基金的前提就是这样。其目的就是正确使用深圳创想基金会捐助课题的全部经费，严格管理是课题组的生命线。

希望2016年每位在座的专家教授把我们的课题越做越精，越做越好，到目前为止我们的成果在中国建筑工业出版社已经累计接近第九本了，这都是课题老师们的辛勤劳动和学生努力的作品，获得了行业协会和用人单位的认可。七年来，培养学生400多名，这也是一般的合作课题做不了的，"四校四导师"实验教学活动各个院校之间的合作区别于国内一些其他院校的那种合作，我们不是各自为政，课题结束后共同寻找一个平台做个过场，"四校四导师"实验教学活动从课题开始就是各个院校之间紧密交流与探讨一直到课题结束，有进口有出口。知名专家和企业名人作为实践导师加入实验教学活动，能使我们的教学更有厚度。

"四校四导师"实验教学活动这16个附加的资源，在中国来讲，应该是空前的，无论是教授、副教授、讲师、基金的投入，在中国都是创举，目前还没有这样具有创新性教学模式的实验教学活动。

今年我们迎来了国家积极建设美丽乡村的大好时机，而我们将课题定位为美丽乡村建设，无论是建筑、景观还是室内设计都围绕这一主题，开展课题研究。之所以将美丽乡村定为课题，最重要的是国家提出了投入美丽乡村建设的号召，注重人居环境，加速城乡一体化建设。农村区别于城市最重要的一点是看得见山望得见水，我们不要为了传统风格给自己背上沉重的负担。宜居环境是指舒适的、符合设计学原理的优秀的环境设计，不管农村还是城市都要有宜居的环境。目前着手做的美丽乡村建设项目可以分享给大家，我们讨论出一些可以作为课题研究。

接下来的会议讨论希望各位导师针对2016年第八届"四校四导师"实验教学活动课题方向进行讨论。另外一点，希望各位导师对于学生能够严格要求，作品设计的维度转换、作品概念清晰的表述以及设计作品严谨的表达每个节点都要严格把关，只有按照这种要求才能让我们课题组越来越纯粹。

接下来请"四校四导师"课题组导师针对以上问题畅所欲言！

郑念军教授：我听了王铁院长的一席话，第一个特别感动的是，他将我们广州美术学院收为这次课题研究组的一个成员。我想向大家推荐我们广美毕业的、比较地道的、本土的、资深的老师童小明教授负责这个课题，他是展示设计的系主任，通常对空间是从功能各方面出发，但童小明教授对整个空间的研究更多的是从空间信息方面来研究，可能从这方面可以给课题提供一个新的视点，谢谢！

段邦毅教授：尊敬的中国会展经济研究会、展示团委会郑年均教授一行，各位导师专家同行，大家上午好。

我来自山东师范大学美术学院，很荣幸参加"四校四导师"教育实践活动，已经是第四个年头了，对于一个学科的成熟和一个专业品牌的成就，我们深深地体会到时间的重要性，那么"四校四导师"在三位大佬王铁教授、彭军教授、张月教授精心策划全身心的投入中，科学发展，已经走过八年的历程了，从根本上改革了我们在知识单一性方面的弊端，从而建立了高效的培养人才的先进模式，示范性地构建了名师名企业的密切对接、资源共享的平台，同时解决了毕业生的就业最佳出口，进而构建了高校人才培养、专业培养方式及教学的互补性、周到性，以及实验团队协同创新的当代性和国际化典范。

山东师范大学作为参加了三次的基础类院校，收获是巨大的，收益也是多方面的。首先历史性地推动了我们教学实验改革，空前地提高了我们的教学质量。这里我举一个教学上的例子，因为原来在教学方面学生对于空间的体验、问题的解决是肤浅的、不深入的，学生的作业程序是很简单的，自从参加了这个四校四导师实验交流活动后，我们迅速地改观了，因此教学质量得到了迅速的提高，其中出现了一个现象，我们学生参加国家及省里的一些相关的专业大赛，获奖频率接连不断，行业内的最高奖项我们也有，同时每年都有金银铜奖。获得了一些不错的成绩，在省里面环境艺术奖方面也有突出的成绩，获得数十项一二三等奖，足以证明我们在参加"四校四导师"教学活动后教学质量的提高。所以我谨在此代表山东师范大学感谢各位老师多年对我们的支持和教育，当然从另一个方面来说事物的发展是无止境的，我们的"四校四导师"活动将在未来会不断逐步地完善发展。

张月教授：第一，对于这七年来所取得的成就，确实是在国内各个高等院校里环境设计专业是有引领性的。我们可以就这个思路成立一个专家委员会，成立这个四校四导师的委员会，但并不是说我们随便扩大这个委员会。我们有个更好地概念就是它可以提供智慧资源等，可以更广泛地把专家的智慧吸引出来。这个不一定局限于学校现有的教学管理者，只要是在这个领域比较好的专家我们都可以吸收，这样对我们这个平台发展也有特别好的促进作用。

第二就是在专业领域，首先是建筑，其次是景观，第三是规划，第四是室内，各个学校参与的专业领域有不同，对于建立人居环境这个定位已经定义得比较宽了，当然也可以考虑是否把会展展示这方面加到里面。再一个，我们将来可以更趋于高端的本科以上的层面。

山东师范大学段邦毅教授、青岛理工大学贺德坤副教授在会议现场

第三，我们能不能采用一些灵活的政策，比如说设想清华本科层面不参加了，我只参加硕士层面，也就是将活动分层，同一年有说是本科层面、硕士层面的活动、博士的层面，每一个层面并不是全部参加，比如清华明年的本科层面不参加了，那么其他院校就可以用这个名额参加本科层面的活动，这样相对有灵活性。另外，我们现在更多的是教学和交流，那么未来我们要向研究和实践方面倾斜，多做一些研究和实践方面的课题。

王铁教授：由于时间有限，刚才张老师说的新的概念4X，我叫四乘四，不管怎么解读都是非常好的扩展，在中国这个实验教学我们应该是最好的机构，我们怎样才能群策群力地做好，其实张老师的开端非常好，段老师给了一个宏观的评价，张老师落在具体的事项上。

彭军教授："四校四导师"发展到现在大约有三个阶段，第一个十个实践导师为初始阶段，第二阶段基本为大的企业，第三个阶段是从去年开始以基金会，三个阶段都有不同的优点。所以我提出"专家指导委员会"，是想将社会上这些知名的专家纳入进来进行指导，控制选题范围，增加设计应用的深度，将室内、建筑、景观的师资专业背景调配得更好，更有利于专业研究。美丽乡村，从大的范围内由于地域不同，有湖南的、东北的、在大的范围内，做各地区域内的乡村改造，可以减轻控制在一定范围命题研究的局限性，最后所展现的成果会产生不同的情况，相互学习相互观摩相互促进，丰富成果的多样性。

王铁教授：从开始创立到今天我始终强调，建筑景观室内一体化思考，这样学生他能统一思考，可以主线突击。人与空间、自然和构筑物的关系这是我们未来研究的方向。接下来每位导师，根据问题不同，尤其是后来加入的，希望大家献计献策。

赵宇副教授：这个会议我认为有一个迫切需要解决的问题，就是赶紧把选题和具体要求落实下来。

陈建国副教授：广西跟中央这些大的城市有差距，我们马上做的两件事，一个是两个省级企业加盟；另一个前面的这个方面的包括具体的事情，我会把设计落实到我们学院去。这样我们在这里面发现人才，进一步提高和规范各方面的情况。

四川美术学院赵宇副教授发表讲话

广西艺术学院陈建国副教授发表讲话

殷昆仑高工：很高兴参加这次研讨会，首先，活动的教学模式非常好。我的专业背景是建筑学，在这个专业领域有二十多年的工作体验，有这么多的学校、这么多的学科、这么多老师与实践一线的我们共同来做这么一个活动，是非常有意义的。其次，"美丽乡村"的选题非常好，目前国家在这个过度城镇化发展的过程当中，我们对城市问题的关注应该逐步转移到乡村。中国的乡村，一旦没有很好地保护和发展，那么我们城市的环境也是无从谈起。

再次，过去培养学生可能比较注重建筑领域，比较注重审美的角度、功能的角度，这种实用经济美观的角度，去探讨设计教学，但是今天随着国家和世界的发展，应该因趋势而动，要从传统的审美、功能这一角度逐步转型到关注资源和环境、节约、可持续发展等内容。所以"美丽乡村"这个设计课题，应该在设计观念、设计理念、思维方式以及设计方式上有所改变与突破，但如何突破，如何改变，如何使这种交叉的内涵有所延伸，学生们必须培养新的思维观念、人文情怀，一个没有人文情怀的设计师、老师、学生，很难做出打动人的、可持续发展的设计作品。如果这个活动能够做到在纵向的发展中融入横向的延伸，一定能够结出更丰硕的成果。谢谢！

谭大珂教授：各位导师们，我只有一个小的建议，在以往的时候，交通通信工具可能受约束比较大，我有一个思路可不可以建立一个共同便捷的一个教室，当然我们可以通过一部分同学代表我们的老师、代表我们的学校去参加更好更直接的精神交流，通过这个教育平台，应该可以把一个资源的效益和各位导师的影响力扩展到一个最大的水准，希望一个学校能有一个逐步的建立过程。然后，我还是希望更多的学生能够受益，更多的年轻老师能有机会接触到这个团队，谢谢！

陈华新教授："四校四导师"是一个实践、教学、创新的模式，经过这些年的检验，这种模式非常的成功，而且，对学生的输出、对学生的成长的过程的关心和关怀是非常重要的。另外，今天这个研讨会重要的是对这个框架下的发展前景的讨论与研究。下一步，怎样充分利用网络教学，现代化教学设施，是个值得考虑的方向。另外，这个新型城镇化里边，产业化的支撑也起着重要的作用，做完了"美丽乡村"建设没有产业化的支撑将来城镇化也是不会成功的。能和社会的发展、国家的发展、国家当前发展的战略结合一下，应该说是一个好的课题。

裴文杰院长：我谈两点，首先第一点谈一下个人感悟，新一年的导师课题组的活动正在全面升级，近几年都在升级，特别专科的设置，刚才已经总结得很到位了，这个课题非常好，选题也非常好。它有一种非常大的设定性，另外，作为企业代表，我希望能借助企业微薄之力，从专业上，技术方面给咱们课题、课题组、课题活动提供最大的支持。

青岛理工大学谭大珂教授发表讲话

山东建筑大学陈华新教授发表讲话

于冬波副教授："美丽乡村"这个主题挺好，能够真正地引领学生做实践设计是一个很好的导向。我有一些不成熟的思考，第一点，作为具有实战性的课题，我希望最后课题的研究成果能够得到推广的最大化或者被政府采纳；第二点，课题的汇报是否能够引入使用者和一些政府决策的人，让他们真正体会出来我们有什么样的需求，有什么样的要求。那么，学生的设计便更加具有目的性，汇报内容更加具有真实性，从而抓住决策人或者使用者的认同。在这个过程中，我们的学生能够在以后的实践中结合使用者、决策者以及设计人员这三者之间的合力，达到一个设计者实践的成果，谢谢。

李泉涛教授：美丽新农村建设主题很好，但目前也存在一些问题，设计师往往没有真正考虑到它是给农民使用的，设计作品表面上很好看，但根本不实用。因此我建议讨论一下这个课题如何真正做到为农民设计。

韩军副教授：王老师一直强调专业的标准性，包括课题的制定、学生课题的选择、培养的规范性。针对今年的新命题，我对我校的参加成员进行了新的组织，学生成员由建筑学院和艺术学院组合，教师团队融入一个建筑学老师，这样对于课题的把控能力会更加全面。

第二，美丽乡村的项目，不单纯是搭一台戏、一个漂亮的舞台就行，它包含策划运营、农村生命力延续等，这样对于一个学生作为一个课题可能是非常吃力的，所以这个课题是否能以小组为单位来做。谢谢！

李晓红教授：我参加过两届四校活动，得到的收获就不一一列举了。在此，我有一个建议。每年教学活动的成果需要设立一个公众平台，比如微信平台，分享一些学生优秀的作品、专家的导向以及一些优秀的理念给更多的学生学习，毕竟参加活动的学生成员每个学校只有3~4个名额，因此，多数同学是不能享受课题研究成果的，这样对于课题研究资源是很浪费的。这是我的一点点建议，也是我的一些感想。

王小保教授：首先，"四校四导师"从体系方面、思维模式、一体化的思考到责任导师+实践导师的教学模式，我都非常受益，也非常感动。把学生培养出以兴趣为导向的思维习惯，看到了孩子们成长的脚步，尤其倍感欣慰，这个是我的第一点感受。

其次，"美丽乡村"建设是个很好的课题，美丽乡村规划与设计不同于我们的城市设计，也不同于我们的建筑设计，我们应该保持绝对的清醒应对每个乡村的变化，用具有可持续性的思维模式去思考"美丽乡村"的问题。谢谢！

李荣智讲师：我提两点，第一是否有备选选题。第二在可能的情况下，能否统一安排考察。

内蒙古科技大学韩军副教授发表讲话

湖南师范大学王小保 副总建筑师发表讲话

**王铁教授**：刚才几位老师提出来的相关问题在今年2015年"四校四导师"所有的导师论文集里面都有所体现。刚才其实最重要的，我们亟待解决的就是课程选择的问题，我想对于"美丽乡村"建设，我们不能一棍子打死，只按一个标准去做。把课题进行片区的分制，共分为华北地区、东北地区、西北地区、西南地区、华南地区以及华中地区。任务书要翔实准确，提倡学生、导师互选，学生未来就业区域和兴趣相结合，这就是张月教授所说的"乘"，实际上那就是个叉，四个方向，东南西北都可以，但是要规范化。一般就是以一个村子，一个村子就是200户以内，一人做一个独立的选题。

　　**钱晓宏副教授**：有两个问题，其一，这个题目范围较广，能否以小组为单位来做。其二，任务书需要比较详尽的解说，例如功能定位，这样的话学生不至于天马行空，而失去了设计本身。我是第一次参加会议，在接下来的过程中包括到苏州，我能够做得到的都会尽量地配合各位导师去完成"四校四导师"的各项工作。谢谢！

　　**Paolo（意大利外籍老师）**：段教授我觉得说得非常重要，虽然我的专业是意大利语，然后也是艺术史，同时我的学生也都是艺术生，他们常常去意大利做艺术研究，匈牙利的学生也常常跟我交流。

苏州大学钱晓宏 副教授发表讲话

　　**曹莉梅副教授**：说一点我自己的感受，美丽乡村建设是一个庞大的文化生活体，包括生态环境、经营管理、生活习俗等，这个项目可能是需要一个团队的共同努力，我建议导师可以在自己的学院增加一些其他内容的策划，包括建筑、室内、景观，毕竟一位导师面对这么多内容，学科不太充足。另外，每个院校的地域环境、文化背景，以及导师受教育程度、能力范围都不一样，是否能提供一个相关的、可以借鉴的、成功的案例，从而更好地指导学生。

　　**Bence**：你好，Ladies and gentlemen, it's big pleasure to introduce myself.
　　**金鑫翻译**：先生们，女士们，大家好，非常高兴今天能够在这里发言，这是我莫大的荣幸。

　　**Bence**：However, the last 4&4 workshop happened this spring and summer; it seems many years to me.
　　**金鑫翻译**：上一届的四校四导师活动，在今年的春季和夏季成功举办，对于我来说，感觉已经举办了很多年了。

黑龙江省建筑职业技术学院曹莉梅副教授发表讲话

Bence: I am very glad, and I was honoured as I took part of the Workshop. At that time, I was a finalist at the University of Pécs in Hungary.

金鑫翻译：我很高兴，也很荣幸可以成为"四校"的一员，那时候我还是匈牙利佩奇大学参赛的选手。

Bence:Sorry,i know at this time.So,en,i introduce my work here in Qingdao right now.we are working now on a huge project: Qingdao is developing rush, and the transportation system has to keep in touch with that growth.Thus, several metro lines are under development all over the city.

金鑫翻译：那么我就简短介绍一下，目前我在青岛德才公司负责的一个项目就是青岛的轨道交通。青岛现如今飞速地发展，交通系统也是历久弥新，几条地铁线路正在这个城市中发展蔓延。

Bence: We are making conceptions for a key-line. Our goal is to create a custom and cutting edge design for the city, which put Qingdao on the world map of design.

金鑫翻译：我本人现在正着手做的是青岛主要地铁线的概念方案，目标就是为青岛量身打造一个尖端设计，使之成为这个城市的地标性建筑设计。

Bence:I have to interpret my gratefulness to Mr. Ye, to Mr. Pei and everybody of Decai Decoration to accept me as a member of the team.

金鑫翻译：在此我要向耶鲁的培训以及德才装饰股份有限公司的各位同事表示衷心的感谢。

Bence:And last time,It cannot be too often asserted, how thankful am I for the 4&4 workshop, for the organizers, for my tutors and above all of Professor Wang Tie for founding the Workshop!

金鑫翻译：再次感谢"四校四导师"活动，感谢组织机构，感谢我的导师，感谢王铁教授。

金鑫助理教授和 Bence 老师在会议现场

王铁教授：这次讨论活动中，大家明确了问题的重点工作和难点工作，教授们都以饱满的热忱投入到教育事业上，为学生创造适合社会发展的应用型、综合型、适应型社会人才而不懈努力着。教学环节中PDCA循环内容强调检查评价的重要意义，在以教师为团体的教学改革环节中，同样重视教学环节的监督评价作用，为了更好地修正方向，树立任务目标，建立良好的自我分析意识及良好的评价标准，学生的项目成果的评价是在已有批判意识形态下的再认识。所以，学生的任务书及其标准是对上年学生成果不足的一个补充，或者说是强调问题的突出性。接下来的工作是在讨论的基础上，不断深化，避免中间环节再有同样的问题。

青岛理工大学 Paolo 讲师发表讲话

中南大学朱力教授发表讲话

与会全体师生合影留念

# 2016创基金（四校四导师）4×4建筑与人居环境"美丽乡村设计"课题

2016 Chuang Foundation · 4&4 Workshop · Experiment Project

## 开题答辩及新闻发布会
The Capstone Presentation and Press Conference

时　　间：2016年3月29日上午
地　　点：河北省承德市平泉县税务局
主　　题：2016创基金"四校四导师"实验教学课题开题答辩
课题国家：中国、匈牙利
责任导师：王铁、张月、彭军、阿高什、王琼、王小保、段邦毅、陈华新、于冬波、齐伟民、谭大珂、赵宇、郑革委、朱力、周维娜、陈建国、金鑫
导师名单：赵坚、范尔蒴、高颖、钱晓宏、沈竹、欧涛、陈淑飞、李荣智、郭鑫、张享东、贺德坤、李洁玫、张茜、谭晖、罗亦鸣、马辉、高月秋、莫媛媛、陈翊斌、海继平、王娟、秦东
实践导师组：吴晞、姜峰、琚宾、林学明、孟建国、裴文杰、石赟、戴昆、于强、韩军、曹莉梅
课题督导：刘原
答辩学生（每人5分钟）：莉拉、王雨昕、胡天宇、石彤、安德拉什、陈豆、张春惠、杜心恬、李艳、李俊、伊尔迪科、李雪松、申晓雪、张瑞、殷子健、闫婧宇、李勇、尚宪福、张秋雨、杨小晗、张婧、鲁天娇、李书娇、徐蓉、蔡勇超、胡娜、刘丽宇、罗妮、赵晓婉、王磊、叶子芸、刘然、董侃侃、郝春燕、韦佩琳、檀燕兰、刘浩然、冯小燕、张浩、王巍巍、赵丽颖、李振超、赵忠波、王艺静、李一、梁轩、成喆、周蕾、葛鹏、王衍融、刘善炯、谈博、程璐、于涵冰、赵胜利、黄振凯
主持人：清华大学美术学院张月教授

河北省平泉县答辩现场

课题组长王铁教授代表中国建筑装饰协会祝词、并发表主题演讲：

我代表中国建筑装饰协会设计委员并以主任的身份向各位介绍八年以来由协会牵头，校企合作课题的经历，共分为五段，希望能够让参加今天活动的嘉宾和新加入的院校全面了解课题的发展。

在开始介绍之前我代表课题组真心地感谢平泉县的人民，感谢县人民政府！记得春节后与曹县长见面时，他说："平泉县人民欢迎你们。"很感人。相信只要大家携起手来中国设计教育定会走向更加美好的明天。几年来课题组走过了几十座城市，通过眼前滚动的照片中可以感受到教学成果是一步一步积累起来的，相信回顾情景能够感动在场的嘉宾和同学，我常说"你们的努力就是我们课题组全体教师的加油站"。

七年前由我同张月教授、彭军教授开始了"四校四导师"实验教学公益教学活动，集中中国名校的建筑与景观学科带头人，以教授治学的理念开展教学探索。课题先后投入60多名教授，培养出四百多位学生，2015年有7名本科生留学匈牙利（国立）佩奇大学，攻读硕士学位，4名青年教师攻读博士学位，在中国建筑装饰行业50强企业就职学生七年累计以来达到30人以上，同时也有匈牙利（国立）佩奇大学的学生在中国企业工作。今年参加课题的院校是十六所中外高等学校，资源对于每一位学生的意义是影响久远的。

文件中我选择的主题音乐就是"燃情岁月"，是非常的励志和向上的。回忆实验教学八年中指导教师逐渐老去，但是我们的学生却逐渐在变强成为国家的栋梁，这就是全体课题组导师的心愿。有老师说过，"自己坚持八年公益教学感动自己"，导师们放弃无数个周末和节假日及休息时间，用爱心教学生，取得的是打破壁垒的成果。

现在我宣布2016创基金(四校四导师)4×4建筑与人居环境研究，"美丽乡村设计"课题开题及新闻发布会现在开始。

以下分为五个版块：

第一，探索者的视野：作为中国建筑装饰卓越人才计划奖，课题从2009年到2015年进行回顾，衷心感谢那些为公益实践教学做出巨大贡献的智者，课题与你共勉！

第二，我们课题组忘不了中国建筑装饰协会的牵头，忘不了知名企业，忘不了创想基金会的捐助。

第三，忘不了有共同理想的兄弟院校教授和企业知名设计师，忘不了米姝玮总编。

第四，课题组团结完成了教授治学的理念，向更宽的视阈展开了对未来的探索。

第五，八年里共投入60名教授，培养四百多名学生，我们坚信学生的努力就是伯乐的加油站，"探索的路途中，经得起鼓励的教师是因为有你们的始终加油"！

希望设计教育探索的视野与发展如同圆心掌控半径一样科学有序，加强解决发展过程中出现的问题，尽量加大对于"低干预"理性的分辨率。理解从跨越到融合是一个相当长的时间进化过程。

"四校四导师"经过七年的努力，今年变成了4×4的集体，今年16所中外高校组建课题组，恰逢走上了一个千载难逢的机会，"美丽乡村"建设国家大业，民族尊严，同时更需要加快中国村镇调整与建设，建设与中国实力相匹配的高质量的新农村形象。

什么是乡愁？其实就是一段记忆或符号。今年带来我最近的设计作品"郭家庄美丽乡村"规划设计与大家探讨交流，希望对接

张月教授主持课题开题及新闻发布会

课题组长王铁教授代表中国建筑装饰协会祝词、并发表主题演讲

下来的课题能够有借鉴。

在"美丽乡村"建设中，探索不是简单的复制，创新才是华夏子孙的未来。相信这是一个千载难逢的时代机遇，教育工作者必须带来团队探索"美丽乡村"设计课题，因为这是我们的事业。

**平泉县副县长胡维民致辞：**

大家好，尊敬的王铁院长，张月教授，彭军教授，刘原秘书长，创想基金会，各位专家学者，各位来宾大家上午好。今天我们有缘相聚在契丹祖源圣地平泉，共同探讨交流美丽乡村设计课题。在此我谨代表平泉县委县政府，48万贫苦的平泉人民向莅临此次活动的各位领导各位专家，各位学者，各位来宾表示热烈的欢迎，和衷心的感谢。平泉位于河北省的东北部，地处冀、辽、蒙三省的交界处。全县辖12镇7乡一个街道办事处238个行政村，12个社区。是河北省统筹城乡发展的示范县。交通四通八达，文化积淀深厚。资源丰富，是国家级生态示范区。

近年来，在平泉县的美丽乡村规划与建设中，在建筑设计中，充分考虑文化脉络与民俗文化，突出农村的田园文化实现一村一色。形成各具特色的农村新社区。2016年我们还将启动建设十个特色的宜居小镇。力争到2030年把平泉建设成为具有地区特色的区域中心城市。参加此次活动的中外16所院校都是著名的高等学府，是中外高层次人才培养和科研的重要基地。中国建筑装饰协会和中国高校教育联盟，作为中外高等院校的实践平台。是实现院校与地方政府对接，此次活动的举办为科学技术的转化的同时也推动了平泉美丽乡村建设向着更高层次的推进，我们非常重视此次的活动，努力提供更好的服务。给予最大的支持，创造最优的环境，实现各方的合作共赢。我们也希望收到各位专家的支持。在座所有师生都感受到学者为我们平泉县建设提供技术支持。最后预祝活动圆满成功。

胡维民代表平泉县人民政府向全体师生致辞

**王铁教授：**

非常感谢胡县长，我有一个倡议，刚才胡县长讲到了我们十六所院校，能不能在您的倡导下，和平泉县的小镇达成合作对子，每个院校完成一个村子的设计。

**胡维民副县长：**

主管美丽乡村的部门是农工委，规划在河北省委赵勇副书记在倡导下，全县规划了十大片区，若干个特色小镇。我县缺乏的是在座的各位专家的指导和高层次的设计水平。特别在看了王铁院长的短片之后，我很受启发。愿意和十六所中外高校合作，把平泉县打造成为世界知名的特色小镇。

**天津美术学院院长彭军教授代表责任导师发言：**

尊敬的平泉县领导，尊敬的县镇企业领导以及在座的各位导师同学们大家好。四校四导师这个活动已经持续了八年，在课题

天津美术学院彭军教授代表责任导师发言

组组长王铁教授的领导下，该课题活动体现出其独有的特色。首先，打破了高校之间传统的教学壁垒，教师们自发地放弃了休息时间，带领学生来参与活动，打破了传统高校间封闭式教学，为国家培养世界型人才创造了道路，通过教学活动，老师为学生们树立了一个良好的榜样，同时也得到了企业及国内一流的设计师的支持。在座所有师生都感受到了平泉县领导及人民的热情，刚才县领导的致辞，让我对此有了更加深刻的体会。中国的高等教学必须和国情相结合，加强彼此之间责任与联系。希望同学们能够通过这个活动增强自己专业的提升，将来回报老师及社会的付出，谢谢大家！

裴文杰院长致辞：

尊敬的平泉县领导，尊敬的各界代表和企业同仁，久违的各位老师，亲爱的同学们，大家上午好，十分荣幸再次代表企业参加"四校四导师"实践教学活动。

首先请允许我以多次参与本活动的见证者和企业代表的身份借此机会再次向本活动的发起人王铁教授、张月教授、彭军教授致以最崇高的敬意，他们是中国高等院校建筑与环境设计联合教学新模式的开创者，同时也是教育界最前锋的奉献者。

作为业内的企业同行，我们一直为他们的精神所鼓励与感动，四校四导师实践教学活动历经八年的艰苦奋斗，打破了高等院校之间的教学壁垒，构建了院校间共享师资，联合教学的全新模式，今天我们共同见证了四校四导师从最初的四所学校参与其中到今天的4×4十六所院校共同进步这一飞跃。

平原县政府为本活动提供了有力的援助与支持，以实际行动激励我们师生将所学知识更好地回报于社会，相信同学们的设计，潜能和艺术灵感在本活动中经过老师的集体点评与指导，会受到启迪与无限的发挥，并将终身受益，坚信本年度的四校四导师活动一定会圆满成功。

在此我也代表企业真诚地邀请大家到山东，到青岛，到我们的企业来参观，交流与指导工作，同时我也期盼优秀毕业生到我们的企业来实习、工作，共同创造中国建筑装饰业美好的明天，谢谢大家！

建筑装饰设计研究院院长裴文杰代表名企发言

中青年教师代表高颖副教授致辞：

尊敬的平泉县各位领导，尊敬的王铁教授、张月教授、彭军教授，以及各个学校的导师和各位同学，我是天津美术学院的高颖。

今天很荣幸能够有机会在美丽的平泉县，在这样一个场合代表青年教师发表感言。

从国际上的人口年龄分段来说，四十五周岁后就不再是青年了，而是算为中年，所以今年要抓紧时间发言，因为严谨来说，明年我就不能再代表青年教师了，正如前面对于四校四导师的回顾所说，这个活动取得了非常丰厚的成绩，既打破了院校之间的界限，也培养出了具备实战能力的优秀设计师，体现出了教授们的治学方向。

天津美术学院高颖副教授代表中青年教师发表感言

其实从2009年第一届"四校四导师"的开始，这一活动便逐渐地走入了我的生活，八年过去，它已成为我生命中十分重要的一件事，在每一年我都会很期盼它的到来，毕竟能在四校四导师这样一个大家庭里见到各位"亲"们。

这一活动虽然牺牲掉了大家的周六周日的休息时间，但我仍然坚持参与其中，因为对于我来说有了一个向榜样学习的机会，在每年的活动中，我都能看到很多精彩的作品展现在所有人面前，同时也看到往届的毕业生在我们的指导与帮助下能顺利地走向社会，甚至在一些优秀的企业中可以独当一面，获得高职高薪。

研究生代表王雨昕发言：

尊敬的各位领导、老师，亲爱的同学们，大家上午好，我是来自青岛理工大学的王雨昕，非常荣幸能够作为研究生代表在此发言。

历经八年的发展，四校四导师实验教学活动，既是一个"接地气"的实践课题，又是一个破解难题的研究课题，更是一个实现美丽梦想的教育课题，我们会珍惜这次宝贵机会。

借此，我谨代表所有参加这次课题的研究生，感谢各位专家、教授，当地政府和国内顶尖企业的参与、支持和帮助。

作为今年参加四校四导师的研究生，我们将竭尽全力，扎实工作，有信心在各位导师的指导下圆满完成此次课题活动，谢谢大家！

研究生代表——青岛理工大学王雨昕 发言

本科生代表尹苹发言：

各位领导、老师、同学们，大家好，我是来自清华大学美术学院的本科生尹苹，很荣幸参加这次四校四导师的活动，也很荣幸站在这里代表本科毕业生发言。

我的老家位于承德市兴隆县，其实也算是本地人了，在本次四校四导师的活动中我惊喜地发现题目选地中就有我的家乡兴隆，虽然这次活动的设计成果未必会实现，但若自己的所学能够有所用，能为家乡的发展尽一份绵薄之力，也是很开心的，希望有一天自己的设计能够真正实现。

在这次的活动中尽自己的全力，圆满地完成自己的毕业设计，为自己的大学生涯画上圆满的句号，参加这次活动的另一个重要原因，就是能与各个院校的老师同学们交流学习，设计的灵感也会从这些交流学习中产生，我想在这个过程中多聆听其他同学的设计想法和老师的意见会对自己的设计有着更大的帮助，也希望我们能够在共同的学习中共同进步。

最后祝各位同学都能圆满地完成自己的毕业设计，祝老师们工作顺利，祝本次活动圆满成功。

本科生代表——清华大学尹苹 发言

张月教授：宣布颁发聘书
首先由河北省承德市平泉县副县长胡维民先生向王铁教授颁发平泉县美丽乡村建设高级顾问聘书。

课题组颁发学术委员会聘书：
颁奖嘉宾：
中国建筑装饰协会设计委员会主任、中央美术学院建筑设计研究院王铁教授
天津美术学院环境与建筑艺术学院院长 彭军教授

责任导师聘书：
金鑫助理教授匈牙利佩奇大学波拉克米海伊工程信息学院
郑革委教授湖北工业大学艺术设计学院
段邦毅教授山东师范大学美术学院艺术设计系
陈华新教授山东建筑大学艺术学院
赵宇副教授四川美术学院设计艺术学院
齐伟民教授吉林建筑大学艺术设计学院
谭大珂教授青岛理工大学艺术学院
王小保副总建筑师湖南景观设计研究院
陈建国副教授广西艺术学院建筑艺术学院
周维娜教授西安美术学院建筑环艺系主任

平泉县委副县长代表县政府为王铁教授颁发聘书

王铁教授、彭军教授为责任导师颁发聘书

特邀导师聘书：
韩军副教授 内蒙古科技大学
曹莉梅副教授 黑龙江省建筑职业技术学院

实践导师聘书：
裴文杰院长 青岛德才建筑设计院
梁建华女士 平泉县天罡建材制造有限公司
岳树民书记 平泉县柳溪镇人民政府
张国臣 平泉县委农工委常务副书记
高大林 平泉县委农工委副书记
米姝玮 新闻媒体人

指导教师聘书：
范尔蒴副所长 中央美术学院建筑设计研究院人居研究所

王铁教授为责任导师颁发聘书

王铁教授、彭军教授为特邀导师、实践导师颁发聘书

高颖副教授 天津美术学院环境与建筑艺术学院
钱晓宏讲师 苏州大学金螳螂城市建筑环境设计学院
陈淑飞讲师 山东建筑大学艺术学院
李荣智讲师 山东师范大学美术学院艺术设计系
郭鑫讲师 吉林艺术学院设计学院
张茜讲师 青岛理工大学艺术学院
谭晖讲师 四川美术学院设计艺术学院
高月秋副教授 吉林建筑大学艺术设计学院
莫媛媛讲师 广西艺术学院建筑艺术学院
海继平副教授 西安美术学院建筑环艺系

彭军教授为指导教师颁发聘书

张月教授宣布：

　　颁发聘书仪式正式结束，让我们再一次感谢平泉县政府对我们的大力支持，参与此活动的教师及同学让我们以平泉县作为一个完美的起点，为"美丽乡村"建设作出努力。

　　下面在工作人员带领下集体合影留念，2016创基金（四校四导师）4×4建筑与人居环境"美丽乡村设计"课题开题答辩将分为两个会场，计划内学生答辩会场为平泉县地税局四楼会议室，计划外会场在环保局四楼会议室分别进行各自答辩。每人7分钟，导师指导3分钟。

王铁教授、彭军教授为指导教师颁发聘书

中南大学李书娇开题汇报

中央美术学院张秋语开题汇报

青岛理工大学王雨昕开题汇报

中央美术学院石彤开题汇报

金鑫助理教授代表匈牙利佩奇大学开题汇报

赵宇副教授指导学生

答辩现场

王铁教授指导学生

周维娜教授、陈华新教授指导学生

齐伟民院长指导学生

陈建国副教授指导学生

答辩现场

与会所有师生合影留念

# 2016 创基金（四校四导师）4×4建筑与人居环境"美丽乡村设计"课题
2016 Chuang Foundation · 4&4 Workshop · Experiment Project

## 中期答辩·四川美术学院
The Mid-term Report in Sichuan Fine Arts Institute

时　　间：2016年4月23日上午
地　　点：四川美院小剧场和设计学院D201多功能教室
主　　题：2016创基金"四校四导师"实验教学课题中期汇报答辩
课题国家：中国、匈牙利
责任导师：王铁、张月、彭军、阿高什、王琼、王小保、段邦毅、陈华新、于冬波、齐伟民、谭大珂、赵宇、郑革委、朱力、周维娜、陈建国、金鑫
导师名单：赵坚、范尔蒴、高颖、钱晓宏、沈竹、欧涛、陈淑飞、李荣智、郭鑫、张享东、贺德坤、李洁玫、张茜、谭晖、罗亦鸣、马辉、高月秋、莫媛媛、陈翊斌、海继平、王娟、秦东
实践导师组：吴晞、姜峰、琚宾、林学明、孟建国、裴文杰、石赟、戴昆、于强、韩军、曹莉梅
课题督导：刘原
答辩学生（每人5分钟）：莉拉、王雨昕、胡天宇、石彤、安德拉什、陈豆、张春惠、杜心恬、李艳、李俊、伊尔迪科、李雪松、申晓雪、张瑞、殷子健、闫靖宇、李勇、尚宪福、张秋雨、杨小晗、张婧、鲁天娇、李书娇、徐蓉、蔡勇超、胡娜、刘丽宇、罗妮、赵晓婉、王磊、叶子芸、刘然、董侃侃、郝春燕、韦佩琳、檀燕兰、刘浩然、冯小燕、张浩、王巍巍、赵丽颖、李振超、赵忠波、王艺静、李一、梁轩、成喆、周蕾、葛鹏、王衍融、刘善炯、谈博、程璐、于涵冰、赵胜利、黄振凯
开幕仪式主持人：四川美术学院 科研处处长　潘召南教授
设计亮点：1. 利用乡村良好的自然资源及环境条件进行景观设计，提供一种不同的生活品质；2. 提升乡村建筑品质。

开幕仪式合影

开幕仪式由科研处处长潘召南教授主持。

"四校四导师"教学管理学术委员会主任、中央美术学院王铁教授介绍了"四校四导师"实验教学活动连续举办八年的成长历程，对本次"美丽乡村"毕业设计课题作了说明，强调了城乡互补的差异特色，希望同学们用农民可以接受的方法去设计乡村，为建设美丽中国做出贡献。

清华大学美术学院张月教授在致辞中谈到了目前中国环境建设和设计面临的转型机遇和新的挑战。"美丽乡村"是国家战略非常重要的一个部分，鼓励同学借毕业设计选题去了解乡村，用设计介入去设想乡村新型的基础结构、产业结构和生态结构，用设计改善农村的人居环境。

潘召南教授主持课题开幕仪式

王铁教授发言

张月教授发言

四川美院常务副院长郝大鹏教授发表欢迎致辞和简短演讲，对"四校四导师"课题的长期坚持给予了充分肯定，对参加活动各个学校的师生代表表示欢迎。向同学提出了毕业设计的标准，即：有自己主见的风格、有融会贯通的语言、有解决问题的能力，希望大家遵循这个标准，做出好作品，并强调要借助此次机会相互学习，通过相互学习找到自己的特色。

郝大鹏教授致辞和演讲

教学答辩由四川美院赵宇、谭晖和青岛理工大学贺德坤主持。

参加课题的60多名中外学生逐一汇报"美丽乡村主题"毕业设计的中期成果，并由中外导师进行点评，检查进度与成果。从学生的设计陈述和导师的教学点评中，展现出中国环境艺术设计教学的现状，既有学科的优势、各校的特点、学生的能力和各校导师的专业水准以及教学的要求，也暴露出许多问题与不足。课题活动汇集了全国乃至国际院校教授专家对专业教学的见解和经验，是一次大范围、宽视野的教学交流，为环境设计的专业教学搭建了互通学习的平台，对促进环境设计专业的教学改革，特别对提升毕业设计的教学质量具有十分积极的作用。

学生答辩现场

赵宇教授主持教学答辩

彭军教授在分会场为计划外学生做点评

导师点评摘录：

刚才这位同学前期调研深度没有问题，但在这个阶段还必须要做到三点。第一，要限定设计范围，区分保护、修复和新建民居。第二，要有数据支持，比如停车场，你画那么多点，怎么知道它能容多少车？你没有数据就没有意义。设计要解决人与物之间的关系。那么还有一个法规非常重要，你要记住这些。

——对清华美院尹苹同学的点评

这位同学目前做得非常好，但是作为民俗酒店设计，在一个村落里，首先设定他是一个村子里的民宿，不管乡村多美丽，每天接待多少人，但是民宿就是民宿，它的规模是小型的。它设计的功能和面向的游客不可能面面俱到。记住民宿主要体现什么，针对什么，而且它的建筑体量过大会削弱整个村子的关系，你是一个客体，村子是一个整体，你的介入不要造成破坏、反客为主。这个是我们乡村改造很重要的立场，你的立场，是你对项目本身的理解，一搞设计就想把设计对象无限制无约束地扩大，以为这样做就可以改变农村的现状，其实你真正利用的价值是农村本应该体现的面貌，它的风景、人文、民俗、环境，可以改造一部分来增强它的发展、它的经济，不要因为这个建筑干扰村子整体，这点上你要做减法，而非越做越多。

——对中央美院胡天宇同学的点评

王铁教授为学生做点评

周维娜教授为学生做点评

陈华新教授为学生做点评

这位同学总体的汇报思路很清晰，作为匈牙利一个村落的案例，这个设计有几点是做得比较好的，他把匈牙利的一个郊区改造成一个城镇的思路对我们是很有启发的。他的这个设计集办公生活为一体，和我国有些地方的生活工作模式是一样的。那么这个"美丽乡村"的课题是为我们打开了一扇窗，在农村生活方式如何融入一个新的生活模式，这是未来农村发展一个很重要的点。还有农民要回乡，怎么让他回乡，如何让他在农村可持续地发展，这个可以作为一个时代的背景去思考。

——对佩奇大学András Nagy同学的点评

Is there any construction project that you want to keep?We should be in the original building appropriate to retain the characteristics of the rich, or to be converted. (这块基地有没有一些你想保留的建筑项目？要在原有的建筑上适当地保留富有特色的，或者加以改建。)

——对中央美院石彤同学的点评

阿高什教授为学生做点评

张 婧
课题名称：河北省鹿泉市谷家峪村美丽乡村景观设计
选题方向：通过旅游经济改变农民生活——乡村景观设计
设计目的：新农村建设，对民居生态进行解构与整合，并开发出新的应用。根据当地特有建筑特色打造只属于本地的乡村建筑。
中期汇报内容：前期分析、选题价值、设计定位、功能梳理、设计图纸、建筑推导。

导师点评：
　　你前期调研的几个点都是不错的，你提出的很重要的，一个是要改变生活，一个是农民需要钱，这几个非常好的。
　　实际上"美丽乡村"要解决的最重要的三个。一个是旅游，一个是现代农业，一个是扶贫。这才是和你前面三点是对上的，所以你要怎样地紧密结合？前面就是改变生活，要钱要工作，现在这国家是讲去旅游，现代农业，扶贫。你也要按这个方法去做。再就是什么呢——特色，我看你做了一些分析，做了一个多媒体，这个长廊的功能，你的数据不够。否则你变成了一个纯美术院校学生，或者纯美术院校老师教给学生的方法。如果你的是有数据的，那么你的设计就会更好。所以呢，我希望你在下一次，在数据上，法规稍微看一下。

四川美术学院张婧汇报方案

李 艳
课题名称 河北兴隆县郭家庄美丽乡村设计
选题方向：农村公共服务设施——乡村幼儿园设计
设计目的：解决农村留守儿童学龄前受教育问题，服务村民以及减缓空心户增加。
设计亮点：以集装箱为空间载体与当地建筑形成对撞和融合。
中期汇报内容：前期分析、选题价值、设计定位、功能梳理、设计分析、建筑推导。

导师点评：
　　乡建不是"箱"建，在农村用集装箱做幼儿园，没有想象那么简单。幼儿园的尺度要，查阅建筑资料集。内容与形式很重要，集装箱连接空间构成需要构造体，不能像货柜一样码在那。除了集装箱。可以用一些附加建筑，不反对集装箱，加一些构筑体使它的空间更加合理化，要适合儿童，不能只在箱子里面发挥。根据儿童活动需要的形态，去修正，会有一个好的出路。
　　在我的观念里，非常喜欢你在这个方案里的设计，在匈牙利也会遇到相似的问题，就是在乡村当中，如何使现在的东西和以前流传下来的东西结合起来。你在设计里用集装箱去做一个幼儿园的融合概念，我非常喜欢。而且感觉这样子的设计也是一个新的出入，新的方法。看了你的设计，我给你提点建议，你可以在下一步做到细节的部分，包括集装箱的尺度、节奏、如何和周边原有的建筑相协调。希望下一步可以见到你实现的愿望。

四川美术学院李艳汇报方案

梁 轩

课题名称：河北省兴隆县郭家庄村美丽乡村设计

选题方向：民居改造——民宿设计

设计目的：通过改造来助力美丽乡村建设，满足村民增加收入的需求

设计亮点：村庄自然农法体验型民宿

中期汇报内容：选题意义、设计价值、民居初步改造、建筑推导

教师点评：

　　汇报内容前期分析及逻辑推理很不错。同学们普遍存在的把基地作为旅游的终点，而实际情况村子厚度不够，无法承载这份重量，只能作为旅游链条上的一环，作为主线的外环。制图需严谨规范。

四川美术学院梁轩汇报方案

答辩现场

全体合影

# 2016创基金(四校四导师)4×4建筑与人居环境"美丽乡村设计"课题
2016 Chuang Foundation · 4&4 Workshop · Experiment Project

## 中期答辩·中南大学
The Mid-term Report in Zhongnan University

时　　间：2016年5月21日上午
地　　点：中南大学艺术楼113中南艺术讲堂
主　　题：2016创基金"四校四导师"实验教学课题中期汇报答辩
课题国家：中国、匈牙利
责任导师：王铁、张月、彭军、阿高什、王琼、王小保、段邦毅、陈华新、于冬波、齐伟民、谭大珂、赵宇、郑革委、朱力、周维娜、陈建国、金鑫
导师名单：赵坚、范尔蒴、高颖、钱晓宏、沈竹、欧涛、陈淑飞、李荣智、郭鑫、张享东、贺德坤、李洁玫、张茜、谭晖、罗亦鸣、马辉、高月秋、莫媛媛、陈翊斌、海继平、王娟、秦东
实践导师组：吴晞、姜峰、琚宾、林学明、孟建国、裴文杰、石赟、戴昆、于强、韩军、曹莉梅
课题督导：刘原

开幕仪式现场1

答辩学生（每人5分钟）：莉拉、王雨昕、胡天宇、石彤、安德拉什、陈豆、张春惠、杜心恬、李艳、李俊、伊尔迪科、李雪松、申晓雪、张瑞、殷子健、闫婧宇、李勇、尚宪福、张秋雨、杨小晗、张婧、鲁天娇、李书娇、徐蓉、蔡勇超、胡娜、刘丽宇、罗妮、赵晓婉、王磊、叶子芸、刘然、董侃侃、郝春燕、韦佩琳、檀燕兰、刘浩然、冯小燕、张浩、王巍巍、赵丽颖、李振超、赵忠波、王艺静、李一、梁轩、成喆、周蕾、葛鹏、王衍融、刘善炯、谈博、程璐、于涵冰、赵胜利、黄振凯

开幕仪式主持人：中南大学  陈翊斌 副教授
嘉宾：湖南省设计家协会主席  马建成、湖南省金凯园林集团董事长  邱应凯

  开幕仪式由陈翊斌副教授主持。
  陈教授首先为大家介绍参加本次活动的嘉宾以及活动流程，中南大学本科生院韩响玲主任、中南大学建筑与艺术学院副院长朱力教授先后发表讲话。
  "四校四导师"教学管理学术委员会主任、中央美术学院王铁教授强调本次中期检查主要是帮助学生推敲设计的实用性，展现设计的作品的功能，使乡村的房子能实现对外开放和对内实用，现阶段要对一些不专业的施工图进行规范和指导，校对学生对细节的认识。王铁教授说："我们共同指导，共享成果，让学生进行思维的碰撞并产生自己的成果。"他还建议在未来的指导中，需要让学生有一个从感性—理性—感性的深化和回归过程，不能只凭"灵感"。

开幕仪式现场2

陈翊斌教授主持开幕仪式

朱力教授发表讲话

开幕仪式结束，汇报答辩分两处进行，计划内备课组在艺术楼113中南艺术讲堂。计划内研究生组、计划外组在设计学院艺术楼315教室进行汇报。

本次汇报打破了学校界限，各校学生共享师资，开展交流。据悉，共有4所核心院校，4所基础院校，4所知名院校以及4家中国建筑装饰设计50强企业共同打造美丽中国主题下"美丽乡村"建设课题，贯彻落实教育部培养卓越人才的落地计划，为企业输送更多的合格青年。

责任导师在艺术楼311中南艺术讲堂为学生做点评

天津美术学院徐蓉汇报方案

湖北工业大学陈喆汇报方案

沈竹主持二组学生课题汇报

湖南师范大学张浩汇报方案

指导教师在艺术楼 315 教室为二组学生点评

答辩现场

与会全体师生合影留念

# 2016创基金4×4建筑与人居环境"美丽乡村设计"课题
## 2015 Chuang Foundation · 4&4 Workshop · Experiment Project
## 终期答辩·中央美术学院
### The Terminal Report in Central Academy of Fine Art

时　　间：2016年6月18日至19日
地　　点：中央美术学院5号楼学术报告厅
主　　题：2016创基金4×4建筑与人居环境"美丽乡村设计"课题终期答辩
课题国家：中国、匈牙利
责任导师：王铁、张月、彭军、阿高什、王琼、王小保、段邦毅、陈华新、于冬波、齐伟民、谭大珂、赵宇、郑革委、朱力、周维娜、陈建国、金鑫
导师名单：赵坚、范尔蒴、高颖、钱晓宏、沈竹、欧涛、陈淑飞、李荣智、郭鑫、张享东、贺德坤、李洁玫、张茜、谭晖、罗亦鸣、马辉、高月秋、莫媛媛、陈翊斌、海继平、王娟、秦东
实践导师：吴晞、姜峰、琚宾、林学明、孟建国、裴文杰、石赟、戴昆、于强、韩军、曹莉梅
课题督导：刘原

中央美术学院5号楼报告厅终期答辩现场

"四校四导师"实验教学课题起源于2008年底，发起人中央美术学院王铁教授与清华大学美术学院张月教授创立3+1名校实验教学模式，邀请天津美术学院彭军教授共同研究中国高等教育设计实践，锁定建筑与人居环境设计方向。经过八年来的努力，实验教学课题成果证明"四校四导师"教学理念打破了院校间的壁垒，是成功的尝试。课题是由中国建筑装饰协会牵头，以知名院校学科带头人为基础，强调教授治学理念与名企名人实践导师合作共同指导教学的理念，教学坚持高等教育提倡的实验教学方针，是贯彻落实教育部培养卓越人才的落地计划，是改变过去单一知识型的教学模式，是迈向知识与实践并存型人才培养战略的新型教学改革的探索。

通过八年的实验教学探索，课题组共计培养500名本科生，30名硕士研究生，5名博士生，在中国建筑工业出版社出版教学成果12本，教师论文1本。受到业界的赞扬和各学校分管教学校领导的肯定，教务处长的鼓励。八个春秋，一批批学生在课题组导师的培养下走向社会，成为人才。这都是课题组打破壁垒，严格治学的成果。

2016年6月18日~2016年6月19日在中央美术学院，进行了为期两天的2016创基金（四校四导师）4×4建筑与人居环境"美丽乡村设计"课题的终极答辩汇报，导师分为计划内一组、计划外一组，在课题规定的计划时间内完成了全部实验教学，来自全国16所中外高等院校学科带头人及责任导师听取了应届本科毕业生、应届硕士研究生计划内46人及计划外22人的答辩汇报，答辩过程采用打分制的原则。答辩课题组要求学生在规定的时间内对"美丽乡村"主题的方案设计进行整体的阐述，学生在此次汇报中共同分享了针对"美丽乡村"方案的解决策略和可行性的研究方案，从学理性层面方面探索乡村建筑改造及乡村的综合方案设计上的技术创新及新型材料的应用问题。学生的答辩思路清晰，有的从项目的开展阶段进行研究和深入探讨；有的从论文的逻辑调理顺序进行相关性的细部分析。通过此次答辩活动的交流，学生具备了良好的项目研究方法，具备了发现现实问题和带有具备可实施性的解决方案的能力。

中央美术学院王铁教授、清华美术学院张月教授在终期答辩现场

山东师范大学段邦毅教授、中南大学朱力教授在终期答辩现场

佩奇大学阿高什副教授在终期答辩现场

山东建筑大学陈华新教授在终期答辩现场

山东师范大学尚宪福终期答辩汇报方案

佩奇大学安德拉什终期答辩汇报方案

佩奇大学伊尔迪科终期答辩汇报方案

王铁教授为终期答辩作总结

全体课题组在终极答辩的教学环节，圆满地完成了校企合作的默契对接，院校及学院之间达成了良好的交流合作关系，针对教学方法改革的创新构想，为下一年的人才培养奠定了良好的学术交流基础。感谢八年来一直关怀爱护课题组的各学校领导，感谢中国建筑装饰协会，感谢创想基金会对课题的鼎力支持。

终期答辩现场师生合影留念

# 2016创基金4×4建筑与人居环境"美丽乡村设计"课题

2015 Chuang Foundation · 4&4 Workshop · Experiment Project

## 颁奖典礼·中央美术学院
The Award Ceremony in Central Academy of Fine Arts

时　　间：2016年6月20日上午
地　　点：中央美术学院美术馆报告厅
主　　题：2016创基金4×4建筑与人居环境"美丽乡村设计"课题颁奖典礼
课题国家：中国、匈牙利
责任导师：王铁、张月、彭军、阿高什、王琼、王小保、段邦毅、陈华新、于冬波、齐伟民、谭大珂、赵宇、郑革委、朱力、周维娜、陈建国、金鑫
导师名单：赵坚、范尔蒴、高颖、钱晓宏、沈竹、欧涛、陈淑飞、李荣智、郭鑫、张享东、贺德坤、李洁玫、张茜、谭晖、罗亦鸣、马辉、高月秋、莫媛媛、陈翊斌、海继平、王娟、秦东
实践导师：吴晞、姜峰、琚宾、林学明、孟建国、裴文杰、石赟、戴昆、于强、韩军、曹莉梅
课题督导：刘原

　　2016年6月29日在中央美术学院美术馆，举办了2016创基金（四校四导师）4×4建筑与人居环境颁奖典礼活动。王铁教授主持了此次颁奖典礼活动，会上中央美术学院教务处处长王晓琳处长做了精彩发言，清华大学美术学院张月教授代表课题组导师向领导和嘉宾表达课题组的谢意。山东大学副校长于涛教授致辞。

　　经过三个半月的努力2016创基金4×4建筑与人居环境"美丽乡村设计"课题在全体师生共同努力下顺利地达到了预期教学计划和课题成果。颁奖典礼在中央美术学院美术馆学术报告厅隆重举行。

　　来自16所院校主管教学副校长、美术学院主管教学副院长、院长、教务处长齐聚一堂为表彰优秀指导教师和获奖学生发表了鼓舞人心的致辞。

　　课题经过八年的实验教学探索，共计培养500名本科生，30名硕士研究生，5名博士生，在中国建筑工业出版社出版教学成果12本，教师论文1本。受到业界的赞扬和各学校分管教学校领导的肯定、教务处长的鼓励。八个春秋一批批学生在课题组导师的培养下走向社会，成为有用之才。这都是课题组打破壁垒，严格治学的成果。

　　相信实验教学将以更加创新的理念迈向高等院校设计教育发展，用教授治学的理念去探索未来。


以下是参加本次颁奖典礼的全体人员教学管理及学术委员会成员：
主任委员：　　　中央美术学院王铁教授
副主任委员：　　清华大学美术学院张月教授
　　　　　　　　天津美术学院彭军教授
学术委员：　　　四川美术学院赵宇副教授
　　　　　　　　匈牙利（国立）佩奇大学金鑫助理教授

　　　　　　　吉林艺术学院于冬波副教授
　　　　　　　湖南师范大学王小保教授
　　　　　　　山东师范大学段邦毅教授
　　　　　　　山东建筑大学陈华新教授
　　　　　　　苏州大学吴勇发教授
　　　　　　　吉林建筑大学齐伟民教授
　　　　　　　青岛理工大学谭大珂教授
　　　　　　　广西艺术学院陈建国副教授
　　　　　　　西安美术学院周维娜教授
　　　　　　　中南大学朱力教授
　　　　　　　湖北工业大学郑革委教授
创想公益基金及业界知名实践导师：林学明、戴坤、琚宾
知名企业高管：清华大学人居集团副董事长吴晞
　　　　　　　中国建筑设计研究院住邦建筑装饰设计研究院院长孟建国
　　　　　　　J&A杰恩创意设计公司创始人、总设计师姜峰
　　　　　　　苏州金螳螂建筑设计研究总院副总设计师石赟
　　　　　　　青岛德才建筑设计研究院院长裴文杰
　　　　　　　深圳于强室内设计公司创始人、总设计师于强
行业协会督导：中国建筑装饰协会总建筑师、设计委员会秘书长刘原
特邀顾问单位：深圳市创想公益基金会
　　　　　　　中国建筑装饰协会设计委员会
　　　　　　　中国高等院校设计教育联盟
课题顾问委员会（相关学校主管教学院校长）
顾问：　　　　中央美术学院副院长苏新平教授
　　　　　　　清华大学美术学院副院长张敢教授
　　　　　　　天津美术学院院长邓国源教授
　　　　　　　匈牙利（国立）佩奇大学阿高什教授
　　　　　　　苏州大学金螳螂建筑与城市环境学院院长 吴永发教授
　　　　　　　四川美术学院副院长庞茂琨教授
　　　　　　　山东师范大学校长唐波教授
　　　　　　　青岛理工大学副校长张伟星教授
　　　　　　　山东建筑大学副校长韩锋教授
　　　　　　　吉林建筑大学副校长张成龙教授
　　　　　　　广西艺术学院院长郑君里教授
　　　　　　　湖南师范大学蒋洪新教授
　　　　　　　湖北工业大学副校长龚发云教授
　　　　　　　吉林艺术学院院长郭春方教授
　　　　　　　中南大学张尧学教授
　　　　　　　西安美术学院郭线庐教授
课题督导：　　中国建筑装协会副秘书长、总建筑师刘原
媒体支持：　　创基金网、中装新网、中国建筑装饰网
名企支持：　　中国建筑装饰协会设计委员会
　　　　　　　中国建筑设计研究院
　　　　　　　北京清尚环艺建筑设计研究院
　　　　　　　J&A杰恩创意设计公司

　　　　　　　苏州金螳螂建筑装饰设计研究院
　　　　　　　青岛德才建筑设计研究院
主持人：　　　王铁教授、金鑫助理教授

金鑫助理教授：
　　各位领导、各位嘉宾、各所院校的师生，大家上午好，我是今天2016创基金·四校四导师·实验教学课题暨第八届中国建筑装饰卓越人才计划奖颁奖典礼的主持人金鑫。

主持人王铁教授：
　　各位嘉宾、各所院校的师生，大家上午好，我是今天2016创基金·四校四导师·实验教学课题暨第八届中国建筑装饰卓越人才计划奖颁奖典礼的主持人王铁。

金鑫助理教授：
　　经过课题组全体师生102天的努力，2016创基金·四校四导师·实验教学课题暨第八届中国建筑装饰卓越人才计划奖迎来了收获的时节，那就是今天课题组在中央美术学院美术馆学术报告厅举行隆重的颁奖典礼。

主持人王铁教授：
　　在此振奋人心的时刻，我宣布2016创基金·四校四导师·实验教学课题暨第八届中国建筑装饰卓越人才计划奖颁奖典礼现在开始！
　　颁奖典礼共分四个环节进行：

主持人：王铁教授、金鑫副教授

第一环节：介绍嘉宾及致辞

感谢一直以来，坚定地支持2016创基金·四校四导师·实验教学课题暨第八届中国建筑装饰卓越人才计划奖的领导和媒体，感谢《家饰》杂志、中央电视台及合作伙伴们！

清华大学美术学院张月教授致辞：四校四导师的最初的创建之初，课题便收到了社会团体、行业协会的大力支持和肯定，这为课题的开展提供了实践资源等物质保证。感谢四校四导师的课题组，为学生的实践教学及教学改革提出了创新而行之有效的方式方法，感谢社会各界的大力支持。

山东大学副校长于涛教授致辞：四校四导师课题组对教育发展起到了很大的推动作用，四校四导师课题与山东大学建立了良好的交流关系，对于城乡文化建设提供了对于美丽乡村的新探索。

中央美术学院教务处长王晓琳致辞：深化教育改革，是从教者努力发展方向开始的，四校四导师课题导师组8年的教学践行了教学改革的发展历程，在探索中付出了很多努力。协同育人的机制下创设了良好的实践教学平台，院校协同、社会协同、行业协同，再有和国外院校的协同育人的搭建，四校四导师课题导师组在人才培养平台的搭建上开辟了新的思路。学生在四校四导师课题导师组的指导下不仅可以得到不同学校、不同企业、不同老师的指导，而且为学生找到了就业的输出方式。依托四校四导师课题平台学生可以申请到国外继续深造，多年的探索形成了相对成熟的教学改革方式，是值得学习和借鉴的，因此教务处人员搭建和积极支持课题组的研究和实践教学活动，期待课题组在十年的契机中创造更大的成果和成绩。

张月教授代表课题组介绍四校四导师发展经历

中央美术学院教务处长王晓琳致辞

天津美术学院彭军教授在颁奖典礼现场

佩奇大学阿高什副教授、中央美术学院教务处长王晓琳在颁奖典礼现场

于冬波副教授、陈华新教授、赵宇副教授在颁奖典礼现场

颁奖典礼现场

王铁教授宣布获奖者名单

第二环节：为教师颁奖

本次颁奖分为：课题学术委员、课题责任导师、实践导师、课题督导

  首先颁发的是2016创基金"四校四导师"实验教学课题、第八届中国建筑装饰卓越人才计划奖、学术委员会，他们分别是：

  "四校四导师"实验教学课题学术委员会主任、中央美术学院建筑设计研究院院长王铁教授

  "四校四导师"实验教学课题学术委员会副主任：清华大学美术学院环境艺术设计系张月教授

  "四校四导师"实验教学课题学术委员会副主任：天津美术学院环境与建筑艺术学院院长彭军教授

其次进入课题组责任导师颁奖环节：

  四川美术学院 赵宇副教授

  匈牙利（国立）佩奇大学 阿高什副教授

  匈牙利（国立）佩奇大学 金鑫 助理教授

  吉林艺术学院 于冬波副教授

  湖南师范大学 王小宝教授

  山东师范大学 段邦毅教授

  山东建筑大学 陈华新教授

  苏州大学 王琼教授

  吉林建筑大学 齐伟民教授

  青岛理工大学 谭大珂教授

  广西艺术学院 陈建国副教授

为课题学术委员颁奖

西安美术学院周维娜教授
中南大学朱力教授
湖北工业大学郑革委教授

下面进入实践导师及特邀导师颁奖环节：
内蒙古科技大学韩军副教授
黑龙江省建筑职业技术学院曹莉梅副教授
深圳市创想公益基金会理事、课题指导教师琚宾先生
深圳市创想公益基金会、课题指导教师林学明先生
北京居其美业住宅技术开发有限公司执行总裁、建筑师、室内设计师戴坤先生
清华大学人居集团副董事长吴晞先生
中国建筑设计研究院、住邦建筑装饰设计研究院院长孟建国先生
J&A杰恩创意设计公司、创始人、总设计师姜峰先生
苏州金螳螂建筑设计研究总院副总设计师石赟先生
青岛德才建筑设计研究院院长裴文杰先生
深圳于强室内设计公司、创始人、总设计师于强先生

最后进入课题督导教师颁奖环节：
深圳市创想公益基金会、课题指导教师梁建国先生
中国建筑装饰协会秘书长、课题指导教师刘原先生
家饰杂志主编、课题指导教师米姝玮女士

为课题责任导师颁奖

为佳作奖获奖学生颁奖

为三等奖获奖学生颁奖

第三环节：为获奖学生颁奖

本次颁奖分为：一等奖3名、一等奖6名、一等奖9名、佳作奖证书19名

首先进入2016创基金·四校四导师·实验教学课题暨第八届中国建筑装饰卓越人才计划奖颁奖典礼的颁奖环节，首先颁发佳作奖证书（19名学生）。

颁奖嘉宾：深圳市创想公益基金会理事长姜峰先生、清华大学美术学院环境艺术设计系主任张月教授、天津美术学院环境与建筑艺术学院院长彭军教授、四川美术学院科研处长潘召南教授、广西艺术学院建筑艺术学院院长江波教授、匈牙利国立佩奇大学工程与信息学院建筑系主任阿高什·胡特 副教授。

其次颁发三等奖，（9名学生）：
颁奖嘉宾：山东师范大学副校长钟读仁先生、天津美术学院党委书记武宏军教授。

接下来颁发二等奖，获奖者是（6名学生）：
颁奖嘉宾：山东师范大学副校长钟读仁先生、天津美术学院党委书记武红军教授。

最后颁发一等奖，获奖者是（3名学生）：
颁奖嘉宾：中央美术学院副院长苏新平教授、深圳市创想公益基金会理事长姜峰先生。

为二等奖获奖学生颁奖

为一等奖获奖学生颁奖

第四环节：师生发表感言

青年教师代表——青岛理工大学贺德坤副教授 发表感言

获奖学生代表——佩奇大学莉拉发言

参加颁奖典礼全体成员合影留念

# 后记·分步融入未来空间设计教育的发展趋势
## Afterwords: Infusing the Development Tendency of Space Design Education in the Future Step by Step

中央美术学院建筑设计研究院院长　博士生导师　王铁教授
Central Academy of Fine Arts, Professor Wang Tie

　　五千年华夏文明教育历史是环境设计教育的基石，对外敞开的国门使当下的中国真正迎来了环境设计专业百花齐放的春天。从欧洲新艺术运动掀起了现代艺术设计大幕以来，世界各地到处可以见到设计业的累累硕果，永不停止的探索脚步始终激励着一路走来的智慧群体——"四校四导师课题组"。环境设计发展仅30多年，却经历了无数次自我更新，从早期西方现代主义设计理论为核心价值，引发城市环境问题到当下信息化时代的知识更替速度，大量的理论在实践以及设计心理学日趋成熟的当今天，加速了与现代文明的对接，是教师职业的可靠保障。目睹建设轨迹的现代化、科技化、数字化的设计理念，我等如何面对当前的环境设计已不再是只停留在空间造型上，全面综合知识将成为教师队伍的品牌。实践教学每一次积淀都是完善教学与理论的有序升级。

　　过去学生更多关注的是掌握空间设计基础的有效性和安全性，虽然个别教师有巧借传统之妙招，但是并不完全理解科学的发展未来"综合性"、"学理化"。今天设计教育已进入低碳科技时代，可持续性和综合能力是检验教师的一项重要标准，对于教师和学生来说掌握环境心理、建构技术是评价学术价值和设计作品好坏的重要指标。教师同仁必须在掌握相关法规的基础上，科学地进行知识传播。教学中审美能力是鉴定教师合格与否，完美的环境设计作品离不开良好的设计基础，从理论和综合能力上敞开评价教师是从事职业中不可回避的现实条件，综上所述教师是否达到学生的满意度，才是验证教师职业岗位能否称职的综合素质条件下的试金石。

　　坚持从教育设计心理学角度分析与研究是教师的本分。在同仁欣赏眼前丰富的教学成果时，首先想到的是教师背后的过硬功夫，博大的胸怀是观察大文化下人文情怀的基础，敏锐的思维能够有助于积累设计教育素材，恰当的表现可用于低碳理念文化信息的现代设计表现意境之中，转换后再成为探索研究所需要的新轨迹。尝试教师的天平价值观，融入设计教育心理学将其审美精华添加到中国的设计教育与实践中，是科学有序向前发展的安全阀，是华夏子孙延续设计教育文化的戏码。

　　站在大环境心理学视角中借鉴传统环境设计教育心理学，探讨在不同条件下学生们对环境设计学科的认知、不可缺失的是体验识别、综合评价内容等。书中的部分内容有打破常规的视野，从多视角度展开全面的教学研究和综合分析，按照实践教学不同阶段分别探讨研究人群、性别、文化等特征。探讨教师与学生的多重关系，结合实践教学心理学和学生作品案例，揭示相同场所中的空间设计要点。书中有部分内容弥补了先前实践教学不足内容，同时强调学理化价值。

　　本书出版不仅是环境设计专业学生必备的教材，也是专业设计者值得拥有的良材，特别是对于高等院校广大的教师，正在从事实践教学的教师和关心环境设计教育爱好者，更是非常值得一阅的专业设计用书。以体验环境设计实践教学为核心的美丽乡村设计作品，分步融入未来空间设计教育的发展趋势，建立与中国现行实力相同的设计教育体系，强调从事环境设计教育的教师必须掌握心理学知识、工学知识、高度的审美能力，只有提倡掌握完善的学科理论法规及审美修养，才能更加有效提升环境设计教育的高品质。

2016年8月10日于北京<br>
方恒国际中心工作室